Catalogue of
Nagoya Railroad
rolling stock

名鉄電車ヒストリー

小寺幹久

旅鉄
BOOKS

天夢人
Temjin

CONTENTS

COLUMN 04

第8章 引退した機関車・電動貨車・貨車

COLUMN 03

第5章 引退したディーゼルカー・ガソリンカー

第6章 引退した名鉄電車 600V鉄道線 編

第7章 引退した名鉄電車 600V軌道線 編

はじめに

愛知県、岐阜県の多くの私鉄を集めて誕生した名古屋鉄道は、中部地区の公共交通機関の代表としてなくてはならない存在です。

この名古屋鉄道に昭和30年代に入社され、乗務員として勤務されていた方が、この時期の名鉄を多く撮影されていました。それらのネガが数年前に当方の手元に届きました。鉄道趣味はご家族の理解を得るのが難しく、貴重なネガなどが処分されることが多い中、よく残していただいたと感謝しております。

さて、名鉄を構成するそれぞれの私鉄は、各社の方針を車両に色濃く反映していました。昭和30年代前半は、各私鉄が創業時から使用していた個性あふれる車両が多く残っていました。しかし、それらは昭和30年代半ばから後半にかけて引退しており、撮影された時期はまさにぎりぎりだったようです。

今回、これらの写真をご紹介できる機会を得ましたので、現在までの写真と合わせて皆さまにお届けします。いつまでも手元に残る本となるように、写真のほとんどは未発表のものです。この本が名鉄を研究される方々の資料の一部となれば幸いです。

小寺幹久

Chapter 1

現役の名鉄電車・機関車

現在の名鉄電車は、特急車の1200系列、2000系、2200系列、通勤車の6000系列、3500系列、3300系列、5000系、4000系、9500系列、地下鉄相互直通用の100系列、300系が在籍。通勤車はステンレス車が増え、スカーレットのイメージも変わりつつある。また、私鉄では珍しく電気機関車が在籍する。なお、本書が発売される頃に1700系が引退予定である。

1200系
·1000系·1800系

パノラマカーの後継車両
更新に合わせて車体色も一新

ホームに停車する全車特別車の1000系
（右）と、特別車＋一般車の1200系。
二ツ杁　2008年1月28日（Ts）

半分に分割した座席指定特急専用車1030系と、新造した特急用一般席車1230系を組み合わせて登場した6両固定編成の登場間もない姿。近年はリニューアル工事も終わり本線特急としての活躍は続く。（Ni）

１９８８年にパノラマカーの後継車１０００系が登場した。塗装は白を基調に赤帯を配したデザインである。4両編成の全車座席指定車（99年以降は特別車）で、特急専用車として97年まで21本が製造された。展望室はハイデッカー構造で「パノラマｓｕｐｅｒ」の愛称板が前面に掲げられた。

一般席車（99年以降は一般車）を併結する場合は他形式の車両を使用したが、非貫通のため誤乗でも移動できないうえ、性能の違いから単独なら可能な１２０㎞／ｈ運転もできなかった。

そこで、91年から１０００系用に3扉・転換クロスシートの一般席車１２００系が4両編成で造られ、一部が6両貫通編成に変更された。組成変更は、4両編成の１０００系を2両ずつに分割し、4両の１２００系と連結する方法で行われた（１０００系の岐阜側2両は方向転換）。編成は特別車に車掌室のあるA編成と、トイレ・洗面所のあるB編成の2種類があり、各6本が誕生した。１２００系にはA編成にトイレ・洗面所、B編成に車掌室が設置された。

また、91年と96年に増結車１８００系が2両編成で計9本製造された。１２００系と同じ仕様で、増結以外に単独運転で普通などに使用されている。

92年に１０００系・１２００系・１８００系の車体を新造し、７５００系の主要機器を転用した車両が登場した。6両編成と2両編成が3本ずつ造られ、特別車が１０３０系、一般車が１２３０系、一般車の増結車が１８５０系とされた。なお、6両編成はB編成タイプのみである。

93年に6両編成が1本追加されたが、２００２年に事故で特別車2両を失った。残った１２３０系はモ１３８４に運転台を取り付け、4両編成の１３８０系となった。塗装はスカーレット単色となり、普通列車で15年まで活躍した。

パノラマカー（奥）の後継として、4両編成の全車座席指定席車で登場した1000系（手前）。21本が製造され、うち6本が2分割されて1200系と組み、残りは5000系に生まれ変わった。（Si）

7500系を機器転用した1030＋1230系の最終増備車。2002年の事故で一般車の1380系4両編成に改造された。（Si）

1800系は、1000＋1200系の特急車の増結用に登場した2両編成。塗色変更車が旧塗色車と組む。2017年6月3日（Si）

リニューアル工事で、1000系は1200系に含まれた。内装は一新され、バリアフリー化された。2015年8月13日（Si）

他の機器転用車も19年までに全車引退。全車特別車で残った1000系も09年までに引退し、主要機器は5000系に転用された。

6両編成に組み入れられた1000系は1200系の一員となり、15年からリニューアル工事が行われた。内装が改良され、外観ではスカーレットの部分が多くなった。

1800系は17年から1200系と同じ内容でリニューアル工事が行われた。

3両編成時代の2000系。名古屋〜中部国際空港間を最速28分で結ぶ看板列車である。愛称の「ミュースカイ」は、特別車の愛称「μ（ミュー）」に「空（スカイ）」を合わせた。(Si)

2000系

中部国際空港へのアクセス特急 赤い名鉄で唯一の青い電車

2000系は、中部国際空港のアクセス特急として2004年5月に登場。10本が製造され、05年2月の空港開港より一足早く、1月ダイヤ改正から快速特急や特急で営業運転を開始した。

車体は白を基調にスカートと客用扉周囲を青とし、前面は黒の上に透明のポリカーボネートで覆う。前面は貫通型で、シルバーメタリックの両開きプラグドアの中に半自動幌連結装置を備える。貫通扉と先頭車の側面には中部国際空港の愛称「centrair《セントレア》」のロゴが書かれ、モ2050形の側面には2000系のエンブレムが付く。

車体傾斜制御を搭載し、曲線部では空気バネの給排気を制御して車体を最大2度傾斜できる。パンタグラフも離線しないように制御するため、他形式より曲線通過速度を10〜15㎞／h向上できる。このため、神宮前〜中部国際空港間の所要時間は2000系のみは約2分短縮している。

当初は3両編成だったが、予想を上回る利用状況が続いたため4両編成が登場。06年に3両編成の岐阜寄り先頭車の次位にモ2150形を1両増結し、全編成が4両編成化された。増結車はトイレ位置が編成中央になるように入れられ、パンタグラフはモ2050形から増結車モ2150形に移設された。車内も改造され、車椅子対応用の座席以外の1人掛け座席が撤去されて荷物置き場となった。

豊橋側2両の特別車（写真手前側）は特急車2000系の設計を取り入れている。車内は2000系と同じだが、車両の構造は一部簡略化されている。2015年5月30日（Si）

2200系 ·2300系

特急車·一般車を併結した実用重視の最新特急車

2004年に登場した空港線用の特急車で、特別車が2200系、一般車が2300系である。07年までに9本、15年からは1030系の後継に4本が登場した。後期車は前期車と塗装が異なり、特別車の号車を表す大きな数字が省略され、スカーレットの帯が側窓の下に追加された。この後、前期車も塗装変更されている。

2000系が装備した車体傾斜装置は省略。前面は非貫通型だが、2000系に合わせて中央にシルバーメタリックで貫通扉のような塗装がされ、中央上部にワンウェイシートが貼られた（後に撤去）。

車内は、特別車は2000系と同じ。一般車は、04～05年の製造車は3300系と同じく、2人掛け転換クロスシートとロングシートが扉間ごとに交互に並ぶ。07年以降の製造車は、クロスシート部分を2人掛け＋1人掛けの転換クロスシートとし、通路を広くした。

岐阜側の一般車2300系。主要機器は3300系と共通だが車体は鋼製である。1700系と組んでいた車両は30番台が付く。（Si）

前面が貫通扉付きで客用扉間の窓が固定連続窓は6000系1～4次車の特徴。2次車（第8編成）までは前面の方向幕が小さく、3次車までは客用扉の窓が小さい。（Si）

前面が大小2枚の曲面ガラスになった1989年以降の6500系増備車。側窓は開閉可能な連続窓風。上の6000系2次車とは外観がだいぶ変わった。（Si）

6000系·6500系·6800系

変更を重ねて長期増備
外観も多様な通勤車

ラッシュ輸送の切り札として1976年に6000系が登場した。名鉄初の両開き3扉車で、77年に通勤用車両として初めて、鉄道友の会ブルーリボン賞を受賞した。抵抗制御車で、4両編成・2両編成が各26本あり、85年まで製造された。

名鉄では、これまでの新性能車は全電動車方式だったが、6000系では製造費と維持費を下げるため主電動機出力を倍の150kWとして付随車（T）と電動車（M）の比率を1対1とした。

6000系の特徴のひとつに、車体のバリエーションの豊富さがある。前面が大きく分けて2種類あり、7700系の中央の前照灯を行先表示器に変更したような貫通型と、6500系と同じ非貫通型がある。側窓は客用扉間が固定式の2枚連続窓と上昇式の3枚独立窓がある。これら前面と側窓の組み合わせで、大きく3種類の外観がある。6000系は瀬戸線に転属した車両のほか、97年からワンマン改造された車両もあり、ワンマン仕様は今も現役である。

84年には、制御方式を回生ブレーキ付きGTO界磁チョッパ制御とした6500系が登場し、4両編成が24本製造された。なお、84・85年には同じ外観の2両編成が製造されたが、こちらは抵抗制御車となり、6500系の車体を持つ6000系となった。これは閑散線区に回生ブレーキ装備車は

「鉄仮面」と呼ばれる独特の前面デザインで登場した6500系。当時の最新技術、界磁チョッパ制御を取り入れたことを印象付けた。側窓は6000系5次車以降と同じ開閉式。（Si）

2両編成の6800系新デザイン車。1993年から2005年頃まで、客用扉上部がダークグレーで塗装されていた。（Ni）

前面が貫通型で、客用扉間の窓がバランサ付き一段上昇式の3枚独立窓になった6000系5～8次車。（Si）

不向きだったためである。

６５００系の前面は非貫通型で、平面を組み合わせた幅広な前面窓の下にエッチング加工したステンレスの飾り板を設けている。上部をライトグレーで塗装した姿から「鉄仮面」と呼ばれた。側窓は上昇式3枚独立窓で、一部の製造分は運転室後方が固定窓である。

87年からの増備車では、制御方式を回生ブレーキ付き界磁添加励磁制御車とした６８００系が、２両編成で39本製造された。２０１１年から尾西《びさい》・豊川線のワンマン運転用に改造された編成もある。

６５００系と６８００系は制御方式が異なるが、同じ車体で製造された。１９８９年製造分からは、前面が非貫通型で左右に大小２枚の曲面ガラスを用いた形状に変更。側板は三連続窓のように見える一部下降窓となり、外観がもう1種加わった。現在、６０００系列は数を減らしつつあるが、今後も活躍は続く予定である。

地下鉄直通用として造られた、名鉄初の20m車体・4扉車。前面窓下の飾り板が印象的だ。車内は応接間風のロングシートを目指して腰掛けや肘掛けにも工夫が凝らされた。

100系・200系

地下鉄直通用に開発された名鉄新製車初の20m・4扉車

　豊田線と名古屋市営地下鉄鶴舞《つるまい》線の相互直通用に1978年12月に100系が4両編成で登場した。名古屋市交通局との規格・仕様に基づく名鉄初の20m車体で、4扉ロングシート車である。前面窓下に飾り板が付く。79年7月の豊田線開業前までは知立《ちりゅう》～豊田市～猿《さ》投《なげ》間で使用され、開業後は鶴舞線の伏見まで乗り入れた。

　豊田線開業時にそろえられた2次車までは抵抗制御だが、89年の3次車は回生ブレーキ付き添加励磁制御に変更された。91年の4次車は上小田井《かみおたい》開業に伴う豊田線～鶴舞線～犬山線の直通運転用の増備で、添加励磁制御器の段数が変更されて100系200番台となった。しかし施設の完成が遅れ、4両編成を2本組み合わせて犬山線のラッシュ輸送に使用された。

　93年の5次車は6両編成化するための中間車で、M+Tの2両が4両編成の中間に組み込まれた。4次車用は名鉄初のVVVFインバータ制御となり、200番台として添加励磁車に組み込まれた。

　94年に上小田井の引き上げ線完成で増備が行われ、全車VVVFインバータ制御の200系6両編成が1本登場した。2011年から100系の1・2次車の制御装置がIGBT-VVVFに交換され、MT比率が5M1Tから200系と同じ3M3Tに変更された。同時にバリアフリー化対応や機器更新などの特別整備も行われた。

名鉄最初のステンレス車として、新技術である日本車輌が開発したブロック工法で製作された。この車両をきっかけに名鉄の通勤用車両には、ステンレス製車体の導入が進められている。

300系

地下鉄上飯田線直通運転用
名鉄初のステンレス車

小牧線と名古屋市営地下鉄上飯《かみいい》田《だ》線の相互直通用として、2002年に300系が登場した。03年に上飯田線が開通して4両編成が8本そろい、犬山～平安通間で運用されている。形式名称は名古屋市営地下鉄への乗り入れ車100系・200系に続いている。

同じ路線を走る名古屋市交通局7000系と共同設計で、300系、7000系ともに日本車輌が担当した。名鉄初の無塗装ステンレス車体で、日本車輌が開発したブロック工法で製作されている。ステンレス車体特有のビードがないのが特徴で、前頭部のみ普通鋼製でシルバーメタリック塗装をしている。これは修繕しやすい普通鋼の特性を考慮した措置である。

20m級の4扉車で、100系・200系と異なり車体裾部の絞りはない。前面は運転室を広くとった左右非対称の貫通型。車内はロングシートと転換クロスシートが配置され、先頭車よりも中間車の方が、クロスシート比率が高い。

側窓の下の帯には、上飯田線を表すラインカラーのピンク色を上に、名鉄を表すスカーレットが下に巻かれている。前頭部の前面窓下から乗務員扉にかけては逆にスカーレット、ピンクの順に帯が巻かれている。

UVカットガラスや運転室のモニタで機器類の状態を監視できる車両情報管理装置（TICS）も名鉄で初採用された。

6800系の外観を踏襲し、大きな前面窓と拡幅車体を持つ3500系。前照灯の上のECBマークが識別点。4両編成で、菱形のパンタグラフを1編成に2基搭載する。（Ts）

3500系 ·3700系·3100系

VVVF制御を初採用 名鉄通勤車最後!? の鋼製車

1993年に3扉通勤車の3500系が登場。96年までに4両編成が34本製造され、名鉄の新しい主力車両となった。

6500系の車体を引き継ぐが性能は別物で、名鉄で初めてVVVFインバータ制御装置、三相かご型誘導機、電気指令式ブレーキ、ワンハンドルマスコンなどが採用された。このため、従来の車両とは連結できなくなったが、以降の名鉄の標準となる機能を持つ車両となった。

VVVFインバータ制御装置はGTO素子を採用し、主電動機は保守が容易な交流モータ三相かご型誘導機を採用し、高出力の170kWを誇る。この性能と増圧ブレーキ、滑走防止装置や耐雪ブレーキなどを装備して120km/h運転を実現している。

電気指令式ブレーキは、運転台からブレーキ配管などを省略し、電気指令で直接操作して応答機能を向上させたブレーキ装置で、搭載車を示す「ECB」ロゴが前面向かって右下に貼付された。マスコンはT形ワンハンドルで、機器の操作性が向上している。

車内はロングシートで、着席人数を減らして客用扉横の立席面積を増やした。客用扉横に折りたたみ式の補助椅子を設置した車両もある。車内の貫通扉上部には通勤車で初めてLED式車内案内表示装置が付き、時折速度も表示する。

97年から増備車として3700

1997年に登場した3700系の2両編成版、3100系。奥に併結されている3500系と比べ、屋根が高く、直線的な車体形状になったのがよく分かる。（Ts）

スカーレット単色だった3500系列だが、3700系では3100系に準じた塗装に変更が進んでいる。（Si）

3500系と同じ4両編成で、車体形状が変更された3700系。登場時からシングルアームパンタグラフを搭載する。（Si）

系が4両編成で5本登場した。パンタグラフは初めてシングルアームを採用。車体形状が変更され、車体断面が曲線から直線となり、屋根が高くなり断面積が大きくなったほか、側窓や客用扉の高さも拡大した。車体長も伸び、その分連結間隔は縮小された。車内が広くなり、客用扉横まで座席を伸ばして座席数が増加した。制御機器は二段増圧ブレーキが装備され、130km/h運転に備えている。

3100系は3700系の2両編成版で、97年から23本が製造された。名鉄で新造された最後の通勤用鋼製車両となっている。この形式からVVVFインバータ制御装置がIGBT素子に変更された。2000年に登場した最終増備車の4編成は運転台が改良され、通勤車で初めて右手操作型のワンハンドルマスコンとなり、運転台にタッチパネル式の液晶モニタが設置された。連結部には転落防止幌が最初から取り付けられた。

3300系の第1編成と3100系の併結列車。3300系・3150系の初期車は、写真のようにステンレス車体に細い赤帯を巻くシンプルなカラーで登場した。（Ts）

3300系
·3150系

21世紀の通勤車の要件を満たした本線向け初のステンレス車

３３００・３１５０系は、２００４年に登場した３扉通勤車である。７５００系の代替や中部国際空港の開港に備えるため、４両編成の３３００系が15本、２両編成の３１５０系が22本製造された。

車体や機器は地下鉄直通用３００系が基本で、ステンレス製車体の製造技術にはブロック工法が取り入れられた。車体長は本線系に合わせて19ｍ級である。前頭部は修理に備えて加工のしやすい鋼製で、ステンレスの色に近いシルバーメタリックで塗装されている。

前面は貫通扉を車掌側にやや寄せて配置。側窓は客用扉間が二連続固定窓、車端部が換気用に上部を内側に開閉できる。窓ガラスにＵＶカットガラスを採用してカーテンを省略し、座席は３００系と同じものを使用した。

通勤車にクロスシートが復活し、客用扉間ごとにロングシートと交互に並ぶ配置となったが、07年の３１５０系２次車（３１５５Ｆ）および15年の３３００系３次車（３３０６Ｆ）以降はオールロングシートに変更された。

外観は側窓下に太く、前面窓下には細くスカーレットの帯が入る。15年の製造分から、前面のスカートまでスカーレットとし、前面窓下から前照灯下辺までを黒く塗装。幕板上部にもスカーレットの帯が追加された。既存の３３００系・３１５０系も、この新塗装に塗り替えが進む。

新塗装は2015年製造の4次車（3307F）から採用され、それまでの車両も塗装変更されている。写真の3310Fは2017年度製造の6次車。3次車以降は大型のスカートを装着する。（Si）

3300系を使用したラッピング列車「電車でECO MOVE。」右上と同じ3301Fの旧塗装時代の施工例。（Ts）

3150系は、3300系の2両編成版。写真は旧塗装時代で、3500系と併結する。（Ts）

主要機器は2000系・2200系と同じで、制御装置はIGBT素子のVVVFデュアルモードインバータ、ブレーキは停止まで電気ブレーキが機能する純電気ブレーキ、車両情報管理装置（TICS）を搭載している。また、3500系グループのVVVF車と併結できるように、読み替え装置も搭載している。

なお、3300系3次車である第6編成は現在瀬戸線で使用されている。これは喜多山付近の高架工事で1編成が不足するために製造された車両で、工事の完成後は本線に転入する予定である。

3300系と3150系は増備途中で技術基準が改正され、製造時は改正された基準が取り入れられた。主な内容は火災対策の強化と運転士異常時列車停止装置や運転状況記録装置などの設置の義務化である。この系列は2019年まで製造され、以降の通勤車は9500系・9100系となった。

特急車1000系の電装部品と3300系の車体を組み合わせた5000系。運転室にある制御機器が大形のため非貫通だが、将来、機器交換で空間ができれば貫通化が可能な構造。（Ts）

5000系

1000系の機器を流用した界磁チョッパ制御車

特急の運行方式が変更となり、空港特急の2000系を除いて一部特別車または一般車の編成のみとなった。これにより全車特別車の1000系は廃車となり、主要機器を転用したのが5000系（2代目）である。2008年に登場したステンレス車で、3300系と似ているが、前面は非貫通型である。4両編成のロングシート車で09年までに14本が登場した。

1000系の機器のため、主電動機は150kWの直流複巻電動機で制御方式は界磁チョッパ、回生ブレーキ付きの電磁直通ブレーキを備える。台車は9編成までがボルスタ付き、10編成以降がボルスタレスである。

車体は3300系とほぼ同じ構造。前頭部は1000系の運転台を転用したため機器が大きく非貫通型であるが、将来、運転用機器の交換などで空間が確保できた時は貫通化が可能である。また、床構造も異なり、直流モータを使用するため床面に点検蓋がある。運転室後方の折りたたみ座席と荷棚は廃止され、手すりを設けてフリースペースとしている。

前面の帯は3300系・3150系とは異なっている。これは制御方式とブレーキ方式が1000系と同じため、他のステンレス車と違うことを明示する必要があるためである。そのため前面窓下から乗務員扉にかけて細い帯、その下の前照灯周囲は太い帯が入る。

瀬戸線専用車として登場した4000系（左）。車体も制御機器も完全な新製で、塗装設備のない尾張旭検車区に合わせて前頭部まですべてステンレス製である。（Si）

4000系

瀬戸線の既存車両を置き換え 瀬戸線専用のステンレス車

瀬戸線の栄町《さかえまち》乗り入れ30周年となる2008年に、4両編成の3扉ロングシート車4000系が登場した。13年までに18本がそろった。瀬戸線専用車で、上飯田線相互直通用の300系と、本線用の3300系を基本に開発された。

車両を検査する尾張旭《おわりあさひ》検車区に塗装設備がないため、車体は前頭部を含めてすべてステンレス製である。ステンレスは材質が硬くて曲げ加工が難しいため、前頭部は直線を多用した独特の形状をしている。横から見ると前部は「く」の字で、角が斜めに削られていて形状に単調さは感じられない。

側窓下にスカーレットの帯が1本入り、前面は黒色フィルムを貼ってブラックフェイスとしている。前照灯周囲にスカーレットの帯が入り、前照灯の上に白線のアクセントが入る。

新たな技術として、主電動機は内部に異物や水が侵入しない全閉外扇形主電動機を採用。運行情報を表示する高解像度15インチのLCD（液晶ディスプレイ）画面などが採用された。また、バリアフリー対応として客用扉周囲の床を黄色くして目立たせた。これは以降の車両にも採用されている。

瀬戸線は明治開業の路線で、今でも急カーブが残るため、これに対応できるモノリンク式ボルスタ付台車を採用している。瀬戸線は4000系の集中投入で一気に近代的な路線となった。

スカーレットを斜めに塗り分け、シャープな印象の9500系。乗務員室側面は、スカートから屋根まで斜めに連続し、前面の黒色部分はスカートの連結器周辺まで連続している。（Si）

9500系 ·9100系

最新技術を多数採用 名鉄最新の通勤車

名鉄の最新車両9500系は、2019年7月に落成し、同年12月から営業運転を開始した4両編成の通勤電車である。2両編成は9100系で、20年9月に落成し、21年1月から運行を開始している。この車両の登場で、最後のSR車だった5700系・5300系が引退した。

9500系は3300系を基本に開発されたステンレス車だが、各部が改良されている。客室はユニバーサルデザインが多く取り入れられ、車内犯罪の抑止などを目的に防犯カメラが設置された。

走行機器ではVVVFインバータ制御用の素子にSiC、主電動機に全閉外扇誘導電動機を採用し、省エネに貢献している。

前面デザインは変更され、前照灯はLEDが斜めに配置されてシャープな形状となり、左右の前照灯を結ぶスカーレットの線が入れられた。塗り分け線には斜線が多用されて、スピード感のあるデザインになっている。従来のステンレス車と比べて、前頭部は赤色の面積が広がった。前面の黒色部分の塗り分け線は、前照灯を斜めにまたぎ、スカートの連結器周辺と合わせて黒の塗り分け部分が大きく連続しているように見える。

コンセプトは「お客様サービスのさらなる向上」「インバウンド対応の充実」「安全性の強化」「省エネルギーの推進」で、通勤車で初のFREE Wi-Fiが装備された。

「EL」は電気機関車の英訳の略称、「120」は名鉄創業120周年から付けられた。電車並みの高速性能を生かして日中も稼動できる利点は大きく、瀬戸線を除く全線で活躍中である。（Ot）

EL120形

工事列車や車両の輸送に使用
72年ぶりに新製された機関車

EL120形は、2015年1月に東芝府中事業所で2両製造され、同年5月から本格運用を開始した。名鉄では1943年のデキ600形など以来の新製電気機関車となった。全長12m、2軸台車を2組持つB－B形のため、従来なら「ED」となる。車体は機械室を挟んで前後に全室運転台がある箱型で、パンタグラフはシングルアームを1基装備している。

運転台はワンハンドルマスコンを備え、電気指令式ブレーキを持つVVVFインバータ制御車である。EL120形に挟まれて連結される貨車には引き通し線が設けられ、総括制御が可能である。

名鉄では83年12月で貨物輸送が終了し、電気機関車は砕石やレールなどを輸送する工事列車や新車・廃車の車両輸送などに限られていた。従来の機関車は戦前製で、最高速度は遅く、現在の電車の運転方法とは異なるため乗務員の養成や確保にも問題があった。

また、レールや砕石などの保線用資材の基地は矢《や》作橋《はぎばし》・大江・犬山にあり、工事列車は低速なうえ、運転が深夜から早朝のため長距離の移動が難しく、普段は基地の近辺に分散して配置されていた。

そこで通勤電車並みの運転操作で最高速度を出せる電気機関車が開発された。その結果、乗務員確保の問題が解消、日中走行で保線基地間の移動が容易になり、電気機関車の有効活用が可能となった。

COLUMN 01

短命に終わった 1600系・1700系

特急車1600系は、1999年に全車特別車で登場した。前面は自動幌連結装置を装備した貫通式で、豊橋側からク1600形＋サ1650形＋モ1700形の3両編成。4本が製造され、特急車で初のVVVFインバータ制御車となった。

空港特急でも使用でき、荷物とともに乗降しやすいように、客用扉の幅は1mの両開き式である。

第1編成は車体傾斜装置の試験が行われた。しかし、先端部から台車中心部までの距離が若干長かったため、自動幌装置に支障が出た。これらの技術や教訓は2000系に反映されている。

普段は支線特急で使用されていたが、多客期には2本を併結して6両編成で空港線に使用されることもあった。

2000系を除く全車特別車の運行終了に伴い、1600系は2008年6月末で運用を終え、1700系に改造された。一般車は2300系を4両新造し、一部特別車の6両固定編成となった。

転用にあたり、3両編成のうちモ1700形＋サ1650形を方向転換し、ク1600形は廃車された。ク1600形の台車や空気圧縮機、蓄電池などと、サ1650形のパンタグラフは移設された。モ1700形は自動幌連結装置を撤去。豊橋側先頭車は増結を行わないため、自動解結装置は増結を行う岐阜方に移設された。

1700系の車内は2200系に合わせて荷物置き場の追加などの改造が行われた。2008年に4本が登場し、2200系と共通運用で活躍したが、20年度末で1700系が運用離脱予定だ。

3両編成で活躍した1600系時代。1000系と共通の塗装で、貫通扉には「パノラマsuper」と表示された。側面は連続窓である。(Si)

1700系改造後の姿。当初は2200系のように前頭部が黒色に塗られたが、2015年に塗装変更（写真）され、1600系のような外装になった。(Si)

Chapter 2

引退した名鉄電車

SR車 編

SR車とはスーパーロマンスカー（Super Romance Car）の略称で、5000系以降の高性能車を指す呼び方である。この中には名鉄初のカルダン駆動車5000系、大衆冷房車と呼ばれた5500系、そして7000系パノラマカーが含まれる。2019年に引退した5700系も含まれ、新しいSR車を意味するNSRと呼ばれたこともあった。

特急の看板も誇らしげに、モ5150形を組み込んだ6両編成で通過する5000系。車体色はライトピンクとマルーンのツートン。鳴海

5000系・5200系

名鉄初のカルダン駆動 5200系は貫通型の改良増備車

名鉄は1950年に吊掛《つりかけ》駆動に代わる方式の研究を始め、54年に3750系にカルダン駆動装置を搭載して長期試験を行った（51ページ）。この結果を採り入れた5000系4両編成が、55年11月に5本登場した。同年7月に国鉄の名古屋地区が電化されて80系電車が走り始め、対抗策でもあった。

SR車（Super Romance Car）と称される高性能車で、最初の量産車である。車体は全金属製で、航空機技術を採り入れた張殻構造を採用。従来車と比べ約5トン軽量化された。前面は曲面ガラスの2枚窓。側窓は上段下降、下段上昇式の二段式二連窓である。室内は転換クロスシート、天井は強制換気用のファンデリアを設けて、屋上はモニタールーフが連続する。

走行機器は中空軸カルダン駆動装置と電磁直通ブレーキ（HSC-D型）を搭載し、台車はアルストムリンク式のFS-307。先頭車と中間車の2両で1ユニットを組み、小型高速電動機を備えた全電動車で高加減速性能を誇った。

車体色は3850系以来のライトピンクとマルーンのツートンに始まり、ライトパープル、クリーム地に赤帯、スカーレット地に白帯を経てスカーレット単色となった。更新工事では二連窓がアルミサッシ化されたが、冷房改造されることはなく86年に引退し、主要機器は5300系に転用された。

57年7月に中間車モ5150形

4両編成化された5000系。写真は2代目のカラーのライトパープル単色時代。

名古屋本線で「高速」に就く5200系（手前2両編成）。奥の5000系と車体断面が異なるのが分かる。（Ni）

他形式との併結で、名古屋本線の「高速」に就く5000系。前照灯がシールドビーム化されている。（Ni）

が2両ユニットで5本製造され、５０００系を6両編成化。特急を中心に運用された。車体長は４００㎜伸び、台車は軸箱をバネで支持するＦＳ－３１５に変更。全車集電装置を備えたが、後に奇数車は使用されなくなり撤去された。

その後、７０００系パノラマカーの増備が進み、64年に５０００系は編成を解かれて4両編成に戻った。５２００系はモ５１５０形が組み込まれて4両編成化された。

57年9月に前面を貫通型に改めた５２００系が登場。前面窓はパノラミックウインドウで、前照灯が3灯化された。車体長と台車は５１５０系と同じだが、車体断面形状は直線に変更され、側窓は一段下降窓となった。2両編成が6本造られ、後に5本が５１５０系と組み4両編成化された。更新工事で側窓が二段窓化され、非冷房のまま87年まで活躍。主要機器は５３００に転用され、車体は12両すべてが豊橋鉄道に譲渡された。

ライトピンクとマルーンのツートンをまとい、特急運用に就く
5500系4両編成。屋根上には角型のクーラーが並ぶ。

5500系

特別料金のいらない列車で冷房装置を日本で初搭載

1955年11月に名鉄初の高性能車5000系、57年9月に前面を貫通型にした5200系が続いた。59年4月に登場した5500系は、特別料金不要で冷房車に乗車できる「大衆冷房車」で、乗客へのサービスが3年半で一気に向上したことになる。

5000系譲りの全電動車方式で、車体長もほぼ同じである。側窓もユニット式の2枚窓で、ガラスは冷房効率を上げるため新たに熱線吸収ガラスとなり、冷房期間中は施錠して窓が開かないようになっていた。

一方、前面と車体断面は5200系譲りで、屋根は冷房装置の分だけ低くなっているのが外観の識別点でもある。

床下機器は小型の制御装置が新たに開発された。これは冷房機器の搭載で大容量の電動発電機が必要となり、設置空間を確保するためである。制御装置は主制御器、主抵抗器、送風機や断流器などの主要機器を1つにまとめて軽量化と簡素化をしたパッケージ型で、7000系パノラマカーの技術につながった。

59年の4月と12月に合計で4両編成と2両編成が5本ずつ登場した。4月落成分のユニットクーラーは、1台あたり4500kcal／hが1両につき7基、12月落成分は同じものが8基設置された。

その後、モ5509は64年2月に新川工場で焼損し、復旧する際

5500系4両編成を2本併結した名古屋本線の急行。屋根上にクーラーを載せるため、27ページの5200系よりも屋根が低くなっている。（Ni）

5500系の2両編成と4両編成を併結した豊橋行き特急。今村（現・新安城） 1959年5月26日

落成したばかりの2両編成、モ5509＋モ5510の試運転。豊橋 1959年4月

復旧工事で高運転台化されたモ5509を先頭にした5500系急行。（Ni）

に高運転台化された。

80年からは、連結面妻窓が埋められるなどの特別整備が行われた。引退が目前の頃は、これまでの活躍を記念して歴代の3種類の塗装（登場時のライトピンクとマルーンのツートン、67年からのストロークリーム地に赤帯、68年末からのスカーレット地に白帯）が施されて、2005年2月まで活躍した。

1961年6月のデビューを前に、試運転を行う7000系6両編成。当初は行先や種別の看板はなく、展望室の下に小さなフェニックスマークが付くのみだった。金山　1961年5月撮影

7000系·7500系·7700系·7100系

名古屋鉄道の名を全国区に押し上げた特急パノラマカー

運転席を2階に上げ、前面展望室とした7000系パノラマカーが1961年5月に登場した。スカーレット単色の鮮やかな車体色、冷暖房完備、二重ガラスの連続窓など、斬新な外観となった。展望室は、乗客が乗務員より前方に位置するため、前面に複層ガラスや衝撃を吸収するオイルダンパを設けて不測の事態に備えた。

空気バネ台車を名鉄で初めて採用。2両ユニットの全電動車である。1次車は6両編成が3本造られ、9次車まで合計116両が製造された。片開き2扉車で、座席は戸袋窓を除いて転換クロスシートを備えるが、最終増備車は通勤対策として両開き扉となり、客用扉周囲はロングシート化された。

登場時は特急料金が不要だったが、後に座席確保用に特別料金を設定し、77年から特急は座席指定制となった。82年から特急用整備車には白帯が巻かれ、その後も特別整備が行われた。後継車の登場で次第に特急運用から外れ、一般車となり2009年に引退した。

中間車のみだった9次車のうち4両は、1984年7月に貫通型運転台を取り付けて7100系4両編成となった。87年に中間2両が7000系に戻されて2両編成となり、2009年に引退した。

増備が続く中、性能を向上させた7500系が1963年11月に登場。車体は7000系に似ているが、床面の高さが下げられて前

7000系の客室設備で、かつ運用の柔軟性を高めた7700系。写真は2両編成で、特急整備をされた白帯車。(Ni)

7500系は客室全体の床が展望室部分と同じ高さに下げられたため、床下がツライチになり、運転室が上に突出した。(Ni)

1982年から、特急用に整備された車両には白帯が入れられた。右の登場時と比べ、看板やフロントアイの設置、ジャンパ連結器の追加などでだいぶ表情が変わっている。(Si)

7001Fは登場時の姿が再現され、2008年11月9日にイベント列車を運転。現在は舞木検査場で保存されている。(Ts)

白帯車となった7011Fは、2009年8月30日のイベント列車をもって引退。9月15日に自力で廃車回送された。(Si)

面展望室とそろえられ、運転台が突出する形となった。新たに定速度制御装置と回生制動が常用となったが、後に前者は撤去された。

1次車では6両編成が4本製造され、6次車まで72両が登場した。67年から数年は8両編成だったが、6両編成に戻された。制御方式が他のSR車と異なるため連結ができず、事故復旧対応などで先頭車が不足した場合に備えて、先頭車として使用できる中間運転台付きの車両も製造された。その後、バリアフリー化工事でホームのかさ上げ工事が始まり、低床構造の7500系はホームの高さと合わず、2005年に活躍を終えた。

7700系は本線特急の増結や支線特急用として1973年4月に登場した。7000系から前面展望室をなくして、貫通型高運転台を設けた構造で、7500系を除くSR車と連結ができた。2010年に引退し、7000番台の車両はすべて活躍を終えた。

中間車が組み込まれて3両編成になった8800系。ハイデッカー構造の展望室は国鉄のリゾート列車にも波及した。（Si）

8800系

小グループや家族単位向けのラウンジ付き観光専用特急

1980年代の座席指定特急は、パノラマカー7000系をグレードアップ改造した車両を使用していたが、登場から20年以上経ち、新たな特急車両が求められていた。

そこで、小グループの観光客向けにした8800系が84年12月に登場し、2両編成が2本製造された。名鉄で初めてとなる、登場時からの有料特急用車両であった。

車体のデザインは一新され、パノラマカーとは運転席と展望室の位置が上下逆転し、客席部分がハイデッカー構造となった。客室は小人数単位の利用を見込み、2～6人単位の区分室が設けられた。

外部色も変わり、薄クリーム色にスカーレットの帯を巻き、裾部分はグレー塗装となった。なお、走行機器は廃車となった7000系の部品を転用している。

愛称は公募で「パノラマDX」と命名され、当初は犬山線と河和《こうわ》線を結ぶ「DX特急」に使用された。87年には2次車となる2両編成を2本増備。89年にはラウンジのある中間車が造られて全編成が3連化されたほか、主電動機が強化された。

92年に「DX特急」は運用を終了し、その後は団体用の1編成を除いて車内が改装され、中間車は区分室とラウンジの構成から一般座席に変更された。

西尾線と津島・蒲郡《がまごおり》線を結ぶ全車座席指定特急に転用され、2005年3月まで活躍した。

優等列車と通勤輸送の両立を図った5300系。車掌側の前面窓が拡大されて、眺望もよかった。（Ts）

5700系・5300系

連続窓にパノラマカーの面影を残した最後の急行用車両

5700系は、5000系と5200系の置き換え用に1986年に登場した急行用の2扉転換クロスシート車である。前面は非貫通の2枚窓で、車掌側が下側に下げられた。4両編成が5本造られ、制御機器は回生ブレーキ付きGTO界磁チョッパ制御とされた。

うち2本は、89年に制御機器を界磁添加励磁制御に変更した中間車2両（モ5650形+サ5600形）を組み込み、6両貫通編成化された。2009年に4両編成に戻されたが、編成から抜かれた2両×2本は、廃車となった5300系の運転台を転用し、翌10年に4両編成で登場。制御機器や側窓などが異なるため、5700系5600形となった。

5300系は5700系と同じ車体で、5000系・5200系の主電動機や台車などを流用して1986年に登場。4両編成8本と2両編成5本が造られた。制御機器は回生ブレーキ付き界磁添加励磁制御を新製し、全電動車編成となった。5700系とは台車やパンタグラフの位置などが異なる。台車は93年4月から新造した空気バネ台車FS550と交換され、編成ごとに全コイルバネか全空気バネに統一された。

5700系と5300系は急行用として高速や急行を中心に運行。2019年3月までは全車一般車特急でも運用され、両形式とも同年12月まで活躍した。

COLUMN 02

瀬戸線用の高性能車両6600系

6600系では、名鉄で初めてスカートを装着。連結の際はスカートにあるカバーを開き、ジャンパ栓や空気管を接続する。(Si)

6600系は、瀬戸線の1500V化昇圧に合わせて1978年3月に登場した瀬戸線初の高性能車である。同年8月に名古屋の中心部・栄町《さかえまち》まで延長され、瀬戸線の近代化を印象付けた。

6000系2次車を基本とし、3扉車の2両編成が6本製造された。空調は非冷房で、外気導入型のラインデリアを設置。側窓は上段下降、下段固定のユニット式の二段窓である。窓枠は無塗装でアルミサッシの地肌が輝いていたが、後に車体色で塗装された。

乗降扉間は集団離反型のクロスシート、車端部はロングシートを配置。85年から7000系の機器を転用して冷房化され、名鉄初の冷房改造車となった。混雑緩和のため88年にロングシート化され、冷改・ロング化を同時に施工された車両もあった。

地下線区間を走行するため、火災事故対策A-A基準に合わせて非常脱出用のハシゴを設置。当初は2両編成で運転されたが、後に2本を連結して4両編成となった。

2013年に4000系（21ページ）と交代して引退した。

Chapter 3

引退した名鉄電車

AL車 編

AL車とは、自動加速制御（Auto Line Control）を採用する車両群で、名岐鉄道が採用した制御方式である。その名の通り、自動的にノッチを切り替えて（Auto）、主電動機への電流や電圧を制御する。「Line」とは、架線からの高電圧を抵抗器で落として制御器を操作する低圧電源を得るという意味である。後に電動発電機から得るようになった。

名古屋鉄道の基礎となった名岐鉄道と愛知電気鉄道

現在の名古屋鉄道は１９３５年10月１日に名岐《めいぎ》鉄道と愛知電気鉄道が合併し、社名を改めて誕生した。合併仮契約書では名岐が存続し、愛電は解散となった。合併により資本金が増資されて株式が発行された。愛電株主に対しての割当比率は1対1で、対等合併であることがわかる。本社は名岐の本社だった柳橋ではなく、愛電の本社のあった神宮前に定められた。

名岐鉄道を代表する車両といえる800系。架線電圧は600Vだったが、車両の制御装置は自動進段方式だった。

合併時は2社の線路は接続しておらず、名岐の岐阜〜名古屋（当時は柳橋）間は西部線、愛電の神宮前〜豊橋間は東部線となった。

名岐は路面電車を発祥とし、架線電圧は６００Vを採用。郡部線へ路線を延長するのに合わせて、車両の制御装置は間接制御の自動進段方式（AL車）を採用した。代表する車両はデボ８００形（後のモ８００形）で、35年4月に岐阜〜名古屋間が全通した際に特急用に登場した。名古屋市内線の路面区間であった押切町《おしきりちょう》〜柳橋間の乗り入れは考慮されず、岐阜〜押切町間の運転であった。

一方、愛電は神宮前〜豊橋間を高速運転で結ぶことを目的とし、早くから架線電圧を１５００Vとした。車両の制御方式は間接制御の手動進段方式（HL車）を採用。代表する車両はデハ３３００形（後のモ３３００形）。27年6月に神宮前〜豊橋間の全通で、特急用に翌28年に登場した。30年10月から並走する東海道本線で超特急「燕《つばめ》」が運転を開始するのに合わせて、同年9月に既存の特急に加えて超特急「あさひ」を新設し、乗客へのサービスを競っていた。

両社を結ぶ東西連絡線は44年9月に完成。48年5月に西部線の架線電圧が１５００Vに昇圧された。車両はAL車が主流となり、両社の融合は進んでいった。

愛知電気鉄道はHL車を基本としてきた。代表的な車両の3300系。栄生　1957年12月2日

※一部車両の出力は、当時の資料に基づき英馬力「HP」を使用しています。1HP＝745.7Wに換算されます。

主な沿革

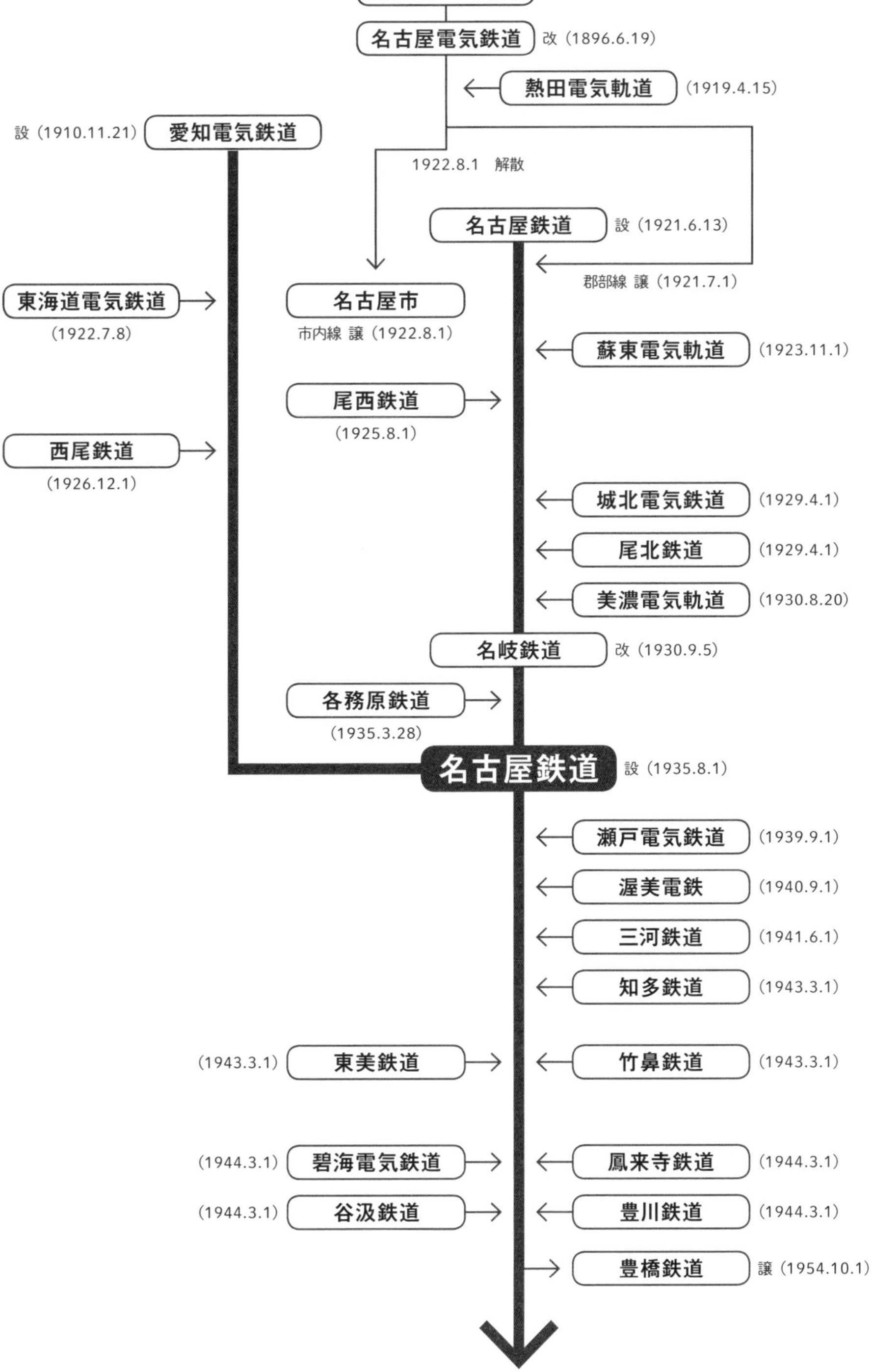

愛知馬車鉄道 設（1894.6.25）
名古屋電気鉄道 改（1896.6.19）
熱田電気軌道（1919.4.15）
設（1910.11.21）愛知電気鉄道
1922.8.1 解散
名古屋鉄道 設（1921.6.13）
郡部線 譲（1921.7.1）
東海道電気鉄道
（1922.7.8）
名古屋市
市内線 譲（1922.8.1）
蘇東電気軌道（1923.11.1）
尾西鉄道
（1925.8.1）
西尾鉄道
（1926.12.1）
城北電気鉄道（1929.4.1）
尾北鉄道（1929.4.1）
美濃電気軌道（1930.8.20）
名岐鉄道 改（1930.9.5）
各務原鉄道
（1935.3.28）
名古屋鉄道 設（1935.8.1）
瀬戸電気鉄道（1939.9.1）
渥美電鉄（1940.9.1）
三河鉄道（1941.6.1）
知多鉄道（1943.3.1）
（1943.3.1）東美鉄道
竹鼻鉄道（1943.3.1）
（1944.3.1）碧海電気鉄道
鳳来寺鉄道（1944.3.1）
（1944.3.1）谷汲鉄道
豊川鉄道（1944.3.1）
豊橋鉄道 譲（1954.10.1）

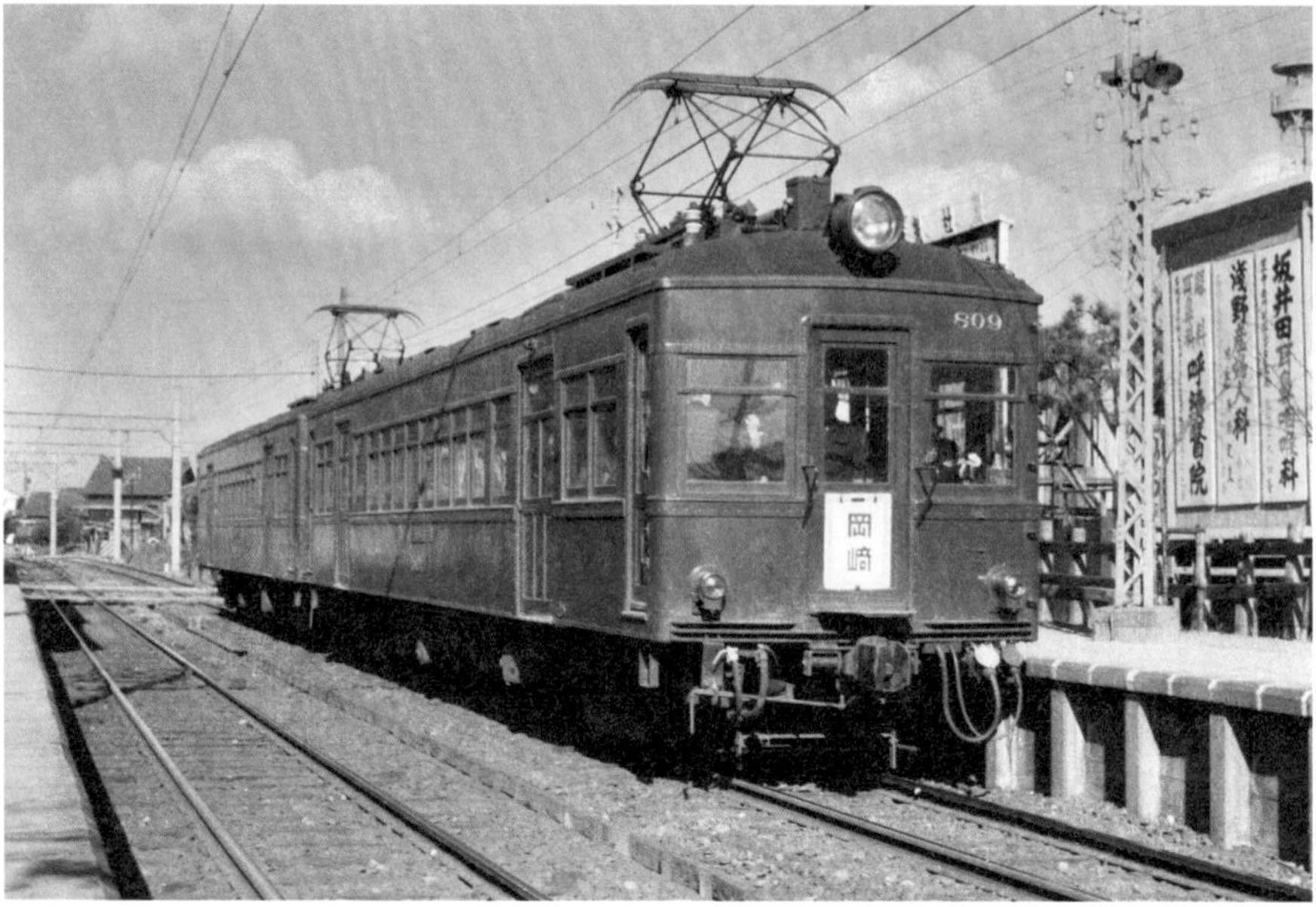

電装解除の後、再び電装された経緯があるモ809＋モ810の2両編成。両運転台のまま残ったため、連結部分では、双方の車両に乗務員扉が見える。桜　1957年12月2日

800系

永年にわたり名古屋鉄道の車両の基本となったAL車

名岐鉄道は1935年4月に新《しん》一宮《いちのみや》〜笠松間を開業し、名古屋・押切町〜新岐阜間の線路がつながった。そこで、特急運転用としてデボ800形801〜810が同年4月と翌36年1月に製造された。

18m級車体の半鋼製車で、屋根は浅い丸屋根で幕板が広い。両運転台車で、貫通扉が付く前面は3枚窓で、緩く後退角が付く。客室はセミクロスシートで、2扉の客用扉は自動扉を備え、車体のやや内寄りに配置される。この車体形状は、3800系まで続く名鉄の基本となった。パンタグラフは最初から装備した。

台車はD-16を履き、高速運転に備えて主電動機は強力な125HPを4基備えた。制御方式は自動加速制御（Auto Line Control）で、このような制御方法を採用する電車は名鉄ではAL車と呼ばれる。「Auto」は自動的にノッチを切り替えて主電動機への電流や電圧を制御すること。「Line」とは制御器を操作する電源確保の方法である。制御器は低圧電源で操作するが、低圧電源を蓄電池や電動発電機ではなく、抵抗器で電圧を落として得ることからAL車と名付けられた。後に電動発電機から得るようになったが、名鉄では「L」の名称は残り、最後までAL車と呼ばれていた。

名鉄発足後の41年にモ800形となり、戦時中に全車がロングシート化された。

AL車モ809とHL車モ1085の2両編成。制御方式が異なるため、片方を制御車扱いとしている。土橋　1958年3月31日

名古屋本線で急行運用に就くモ807＋ク2654。一宮

前照灯がシールドビーム化され、客用扉の交換された晩年のモ801。（Ni）

前面窓のアルミサッシ化や客用扉の交換、戸袋窓のHゴム化などの改造が施されたク2312他4連。新一宮　1970年5月17日

モ800形の仲間には名鉄発足後の37年2月に登場した片運転台制御車ク2300形2301・2302と、38年10月に登場した制御車サ2310形2311〜2315がある。

このほかに、81年にモ3500形を両運転台化して改番したモ800形812〜814があるが、こちらは3500系（43ページ）で紹介する。

ク2300形はモ800形と同じセミクロスシート車で、850系〝なまず〟の制御車を電装化する予定の部品を転用し、42年10月に電動車化されてモ830形となった。両運転台のモ800形に対し、片運転台をモ830形と区別していたが、後にモ800形は2両を除いて片運転台化された。

両運転台のまま残された2両はもともとデボ800形として落成したが、36年に制御車化されてク2250形となり、40年に再び電装されてモ809・モ810となった経緯がある。75年には、現在の連結器に使用されている名鉄式自動連結開放装置の現車試験がこの2両を使って行われた。

サ2310形はモ800形を片運転台にしてパンタグラフを撤去した形だが、屋上のベンチレータは中央に1列並ぶタイプである。46年から制御車化されてク2310形となった。48年に西部線の昇圧に合わせて、昇圧改造され、60年代から2両固定編成化や近代化改造が行われた。

後年のモ800形は、多くの車両で戸袋窓のHゴム化やシールドビーム化、ドアステップの撤去、高運転台化やアルミサッシ化などの改造が行われた。

先進的な技術を採用した昭和初期の優秀な車両で、名鉄を代表する車両として特急から普通、荷物電車まで幅広く活躍した。96年までに引退し、一部は豊田市鞍ケ池《くらがいけ》公園などで保存されている。

一度目の3両編成化から2両編成に戻された後のモ851＋ク2351。外観はまだ原型を残している。乗務員扉から前面にかけて3本入る飾り帯が“ひげ”である。神宮前　1958年10月28日

晩年のク2351＋モ851。ひげはなく、車体色はスカーレット単色、前照灯や客用扉は交換されている。太田川（Na）

850系

ひげが誇らしい名鉄西部線を代表する流線形車両

モ850形は、1937年2月に名古屋鉄道西部線（押切町〜新岐阜）用に2両編成2本が日本車輌で製造された。モ800形を基本とし、前頭部が流線形となった。幕板部分にひげのような3本の線が描かれたことから「なまず」と呼ばれた。流線形のデザインは南満州鉄道のジテ形や樺太庁鉄道のキハ2100形と似ている。

2両固定編成で、客用扉間の戸袋窓を除きクロスシートを装備していた。登場時はク2350形にもパンタグラフを装備し、電動車化の準備はされていたが実現しなかった。後にパンタグラフは撤去され、モ850形と合わせて戦時中にロングシート化された。

52年頃、中間車にモ807またはモ808を組み込み3両編成となった時期もあったが、再び2両編成に戻り、60年頃にドアステップの撤去や戸袋窓のHゴム化、鋼製扉化などが行われた。また、65〜69年頃にモ831やモ832を編成に組み入れたが、再度2両編成に戻った。この頃に特徴だった3本の〝ひげ〟が消された。

2両編成化後、前照灯のシールドビーム化やワイパーの電動化が行われ、車体色は濃緑からスカーレットへ変更された。そして79年11月にモ852＋ク2352が引退し、南《みなみ》知《ち》多《た》ビーチランドに保存されたが後に解体された。残ったモ851＋ク2351は88年8月まで活躍した。

晩年の3400系。前面窓は連続3枚窓になり、前照灯はシールドビーム化、客用扉も鋼製に交換されている。(Ni)

編成から切り離されたモ3452。妻面の外周幌や、スカートを外した台車部分が分かる。鳴海工場　1957年12月2日

4両編成化後の3400系。先頭車の側窓は一段上昇式から二段窓に変更されている。神宮前　1958年4月6日

3400系

流線形のデザイン以外にも新技術を積極的に採用

1937年3～5月に、現在の名古屋市営地下鉄港区役所駅周辺で名古屋汎《はん》太平洋平和博覧会が開催された。この輸送に合わせて、同年3月に東部線の特急車として3400系が登場。Mc－Tcの2両編成で、3編成が製造された。

　車体は流線形で、前面と乗務員扉には曲面ガラスを使用。側窓は上昇式の1枚窓で、客用扉上部にはRが付く。室内は全席転換クロスシート。連結部は車両全幅に幌を付け、下部をスカートで覆うなど完全な流線形であった。

　機器類はローラーベアリングを装備したD－16台車や東部線で初めてのAL制御器を採用。さらに回生制動も取り入れて、回生電気の返送用のパンタグラフをTcに設置した。緑の濃淡の車体色から「いもむし」の愛称が付いた。

　戦後は50年にモ3450形、53年にサ2450形が組み込まれて4両編成化された。台車は登場時期に合わせて中間車はD－18、FS－13を履いている。また、中間車の組み込み時に先頭車の側窓の二段化や3850系に合わせた塗装変更などが行われた。

　67年から更新工事が行われ、前面窓の3連続化などで印象が変わった。後に車体色はスカーレットとなり、88年に保存車両として残された先頭車2両以外は引退した。動態保存車は緑の濃淡塗装の復元や冷房化も行われ、2002年8月まで活躍した。

片運転台仕様のモ3651とク2651の2両編成。埋め込まれた前照灯のケースも凝っている。東岡崎　1956年10月21日

モ3603の側面。Rが付いた窓の上隅がよく分かる。行先のサボを入れた珍しい姿。東岡崎　1962年4月4日

両運転台のモ3601と片運転台のク2601の急行。席ごとの窓が並ぶ側面が優雅だ。豊明　1958年10月9日

3600系

戦前の名鉄の最優秀車両
支線直通の観光電車にも活躍

1941年に3400系の後継車、モ3350形、ク2050形が登場した。戦前の名鉄車両の頂点といえ、技術面では当時最新の油圧多段式制御器を初めて採用し、スムーズな加速が特長だった。モは両運転台車、クは片運転台車で、3400系同様に前照灯は埋込式である。リベットのない車体はウインドウヘッダがなく、窓上隅は曲線で構成され、転換クロスシートと合わせて優雅さを醸し出していた。戦時中もクロスシートは完全に撤去されずに残った。

戦後、52年に2代目モ3600形、ク2600形と改称。55・56年に複電圧化工事を受け、西尾・蒲郡線へ「いでゆ号」「三ケ根《さんがね》号」、広見線へ「日本ライン号」などの直通観光電車にも使用された。3603Fは60年に重整備を受け、モは連結面側の運転台と乗務員扉を撤去して客室化（片運転台化）されたが、窓上隅の曲線は残った。他の編成は63年から重整備を受け、窓上隅の曲線がなくなった。運転台がかさ上げされ、戸袋窓がHゴム化されるなど優美さはなくなったが、87年1月まで活躍した。

また、モ3350形と同時に片運転台車モ3650形が2両登場した。52年から元知多鉄道ク950形を改造したク2651、ク2652と編成を組んだ。モ3651は重整備後も窓上隅の曲線は残り、モ3652は戸袋窓がHゴム化され、88年1月まで活躍した。

トップナンバーモ3501とク2501の2両編成。撮影当時までに、モ3501は電装化、2扉化の改造を経ている。鳴海　1957年8月22日

3500系

2扉車の予定が3扉車で登場
電装・改造で複雑な経歴

1942年9月にモ3500形が7両、ク2500形が3両登場した。戦争の影響で、2扉車の予定が3扉車として全車が製造された。工作の簡略化で、3600系では車体内側に収められたウインドウヘッダが外側に復活したが、窓上隅の曲線や埋め込み式の前照灯は引き継がれた。長く名鉄を支えた電車であったが、電装や解除、車体の改造など変化の絶えない形式であった。

まずモは、両運転台電動車の予定だったが、全車未電装で落成し、制御車や付随車として使用された。登場時、600V区間の西部線に5両、1500V区間の東部線に2両を配置。戦後の46年12月にそれぞれの電圧で電装され、この時に西部線用の2両が1500V用に電装されて東部線に移った。48年5月の西部線昇圧に合わせて、西部線に残っていた3両も1500V用に改造された。

51年に、モは全車が中央扉を埋められて側窓を2枚設け、2扉車となった。この2枚の側窓は他の側窓に比べて幅が狭かった。53年にモの2両は電装部品を3900系に提供し、制御車ク2650形2654・2655となった。

また、モ3504は60年5月に焼失し、モ3700形と同じ車体で復旧し、モ3560形3561と改称された。後にク2800形の最終増備車ク2836と編成を組み、88年3月まで活躍した。

知多鉄道からの編入車、ク2652以下の編成。ク2652は電装、2扉化、電装解除を経ている。神宮前　1958年4月6日

トップナンバーのク2501＋モ3501の2両編成。クは登場時の3扉、モは2扉改造後である。神宮前　1958年6月15日

モ3502は1981年に高運転台の両運転台車に改造され、モ812となった。（Ni）

モ3506を電装解除し、ク2650形に編入されてク2654となった。鳴海　1959年6月24日

残り4両のモは、62年から連結面の運転台機器撤去と2両固定編成化が行われた。晩年は2両が前述のク2650形と編成を組み、モ3501は後述する知多電鉄買収車ク2653と、モ3505はク2550形の最終車ク2561と編成を組んだ。

この4編成はすべて69年に支線直通車としてクロスシート化され、クリーム色に赤帯の車体色に変更されたが、ク2561はロングシートのままだった。

モ3501編成は79年に引退したが、残った3編成のうち、モ3両は81年に再び両運転台化され、今度は全車が高運転台となった。800系に編入されてモ800形812～814となり、97年まで活躍した。

ク2500形は3両製造され、計画では2扉車で転換クロスシート、トイレ・洗面所を装備する予定だったが、3扉ロングシート車として落成した。トイレ・洗面所の準備工事がされており、この部分のみ平妻であった。

3両とも東部線に配置され、最後まで3扉ロングシート車のままであった。トイレ・洗面所は使用されず、後に撤去された。晩年はモ800形・モ830形と編成を組んで80年まで活躍した。

モ3500形と同形車に、知多鉄道ク950形951～953がある。42年9月に3扉ロングシート車で登場。同社は愛知電鉄の系列会社で、翌43年8月に名鉄へ合併された。47年に電装され、49年にモ3500形3508～3510に編入・改称された。51年に2扉化されたが、翌52年に電装解除されてク2650形2651～2653となった経緯がある。

変則的な窓配置が特徴だったク2653は、後にモ3501と組み79年に引退。ク2651・ク2652はモ3650形と組み、88年1月まで活躍した。

上の写真のモ3552＋ク2552の晩年の姿。前照灯はシールドビーム化されているが、埋め込み式である。（Na）

晩年の3550系2両編成の急行。片運転台化されているが、貫通面側の乗務員扉は残っている。（Ni）

最初に登場したグループのク2552と1次車モ3552の2両編成。ク2552なので1次車の特徴的なディテールはない。鳴海　1957年8月21日

3550系

名鉄のラッシュ輸送を支えたロングシート3扉車

3550系は、1944年6月に3扉ロングシート車として登場した。最初に落成したのはク2550形2551～2561で、モ3550形は物資不足で出場できなかった。47年頃に出場後も未電装で、1次車のモ3551～モ3555が客車として使われた。47年9月に2次車のモ3556～モ3560が電装された両運転台車として落成し、同年に1次車も電装された。1次車は窓上部の両隅にRが付き、埋め込み式前照灯が特徴である。2次車は窓上部のRはなく、前照灯も一般型である。

ク2550形は2次車と同様に窓上部のRはなく、前照灯も一般型である。登場時は木造車と編成を組み、48年の昇圧工事終了後にモ3550形と編成を組んだ。

モ3550形は62年に貫通面の運転台が撤去されて片運転台化された。中でもモ3558は66年に高運転台に改造され、貫通面側は乗務員扉を撤去して客室化された。側板はク2550形と似ているが、客用扉付近にある表示灯の位置と客用扉の開く方向が逆である。

モ3550形は10両だが、ク2550形は11両あるため、最後のク2561はモ3561（元モ3504）と組み、晩年はモ3505（後のモ814）と組んだ。

3550系は当時の名鉄では珍しい3扉ロングシート車でラッシュ時に輸送力を発揮し、88年2月まで活躍した。

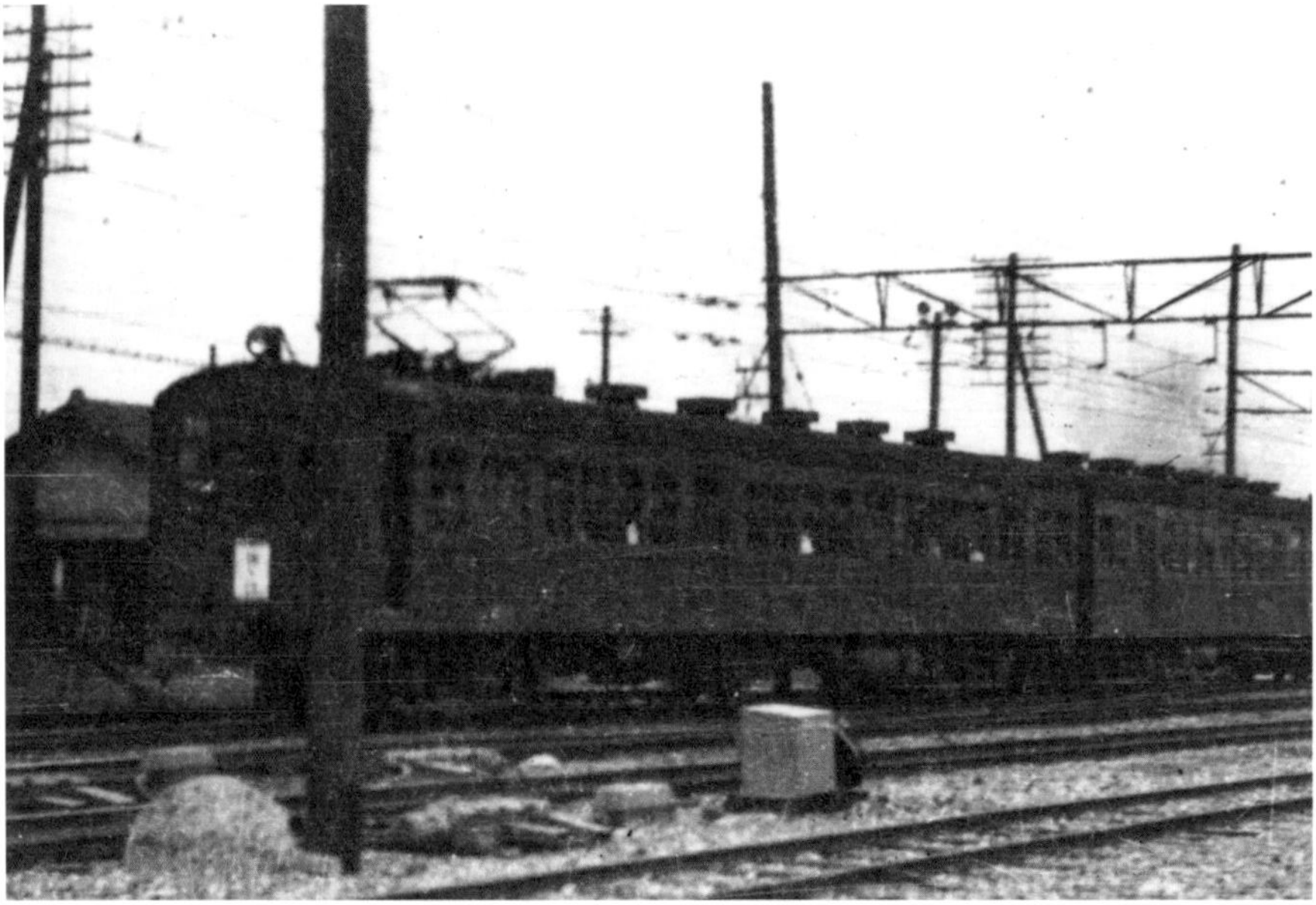

須ケロの看板を掲げ、営業運転をする3700系。3700系は戦後間もない1946～49年の在籍で、運転区間も限られたため、写真はほとんど残っていない。神宮前　1948年10月

3700系

初代3700系は国鉄63形電車
短期間で小田急と東武に譲渡

鉄道事業を所管する運輸省（現・国土交通省）は終戦直後の車両不足を解消するため大手私鉄に新車を供給し、大手私鉄が保有する車両を中小私鉄に提供させるという方策を採った。名鉄には後の国鉄の63形電車と同型の車両が供給された。

20m車体の4扉車で１９４６年12月から47年4月にかけて2両編成の10本が登場した。当時の名鉄の塗装は緑色だったため、ぶどう色の３７００系は目立つ存在であった。輸送力の大きな車両だが、車体の大きさから架け替え前の庄内川橋梁を通過することができず、金山橋《かなやまばし》～豊橋間の東部線のみの限定運用となった。同区間の急行に使用され、当時は常態化していた乗り残しが急減するほどの輸送力を発揮した。

３７００系の導入で名鉄保有の車両が中小私鉄に提供されることになり、47・48年に尾道《おのみち》鉄道、山形交通、山陰中央鉄道、熊本電鉄、蒲原《かんばら》鉄道、松本電鉄、野上《のかみ》鉄道に14両が渡った。このほかに主電動機などの部品だけが秋保《あきゅう》電鉄、北陸鉄道に提供された。

48年から運輸省規格形電車で名鉄路線の規格に合う３８００系が登場し、岐阜～豊橋間の特急をはじめ、全線で運用を始めた。３７００系は栄生《さこう》まで運転区間が延長されたが、次第に運用が減少し、49年までに全車が小田急電鉄と東武鉄道に活躍の場を移した。

モ3828＋ク2828の2両編成。21～35は2次車で、ベンチレータは押込式になる。運輸省規格形のため、京福には同型で両運転台のホデハ1001形があった。東岡崎　1958年4月19日

3800系

名鉄で最大勢力を誇った運輸省規格形車両

1948年5月12日に西部線の名岐線・犬山線・一宮線・津島線の電圧が1500Vに昇圧されて、東部線と電圧が統一された。これにより東西直通運転が可能となり、5月16日から開始された。そこで、直通用の主力車両とするべく登場したのが3800系である。

この車両は「運輸省私鉄標準規格A'車」と呼ばれる規格で設計され、49年3月までにモ3800形3801～3835とク2800形2801～2835の2両編成35本（70両）が製造された。さらに54年3月にク2836が単独で1両製造され、合計で71両と当時の名鉄で最大勢力となった。

私鉄標準規格とは、戦後の物資が乏しい時代に少ない資源を有効活用して輸送力を確保することを目的に、当時の運輸省がまとめた車両の統一規格である。この規格に従い、私鉄各社は車両を投入していった。

車体長17・8m、2扉ロングシート車のAL車は、名鉄の路線状況に適した設計で、増備ごとに改良が加えられた。なお、客用扉間の窓は、名鉄の基本形である800系より1枚少ない。

屋上のベンチレータの形状は製造年度で異なる。48年製の1次車は半ガーランド式5個が2列に並び、49年製の2次車は押込式で5個または6個が2列に、54年製のク2836はガーランド式で6個が1列に配置されている。

ク2825＋モ3825（3825Ｆ）の岩倉行き。クの車体形状は、モと大差ない。小牧　1959年5月15日

1次車の3808Ｆ＋2次車の3835Ｆの4両編成。側面にサボが差し込まれている。鳴海　1957年12月2日

晩年の3804F。こちらは窓枠のアルミサッシ化と戸袋窓のHゴム化が分かる。

ウインドウシルの撤去と高運転台化がされた晩年の3826F。(A)

３８００系は特急から普通まで幅広く運用された。特に50年８月から53年５月には、当時名古屋駅構内にあった連絡線を通り、まだ狭軌だった近鉄名古屋線に団体臨時列車として乗り入れた。また、国鉄飯田線や今は廃線となった田口鉄道線の鳳来寺《ほうらいじ》にも乗り入れたことがある。

また、増備中の48年８月に常滑《とこなめ》線太田川車庫で火災があり、ＨＬ車のモ３３０１、モ３３０４、モ９１４などが焼損した。そこで、電装品を転用して３８００系の車体と組み合わせたモ３７５０形が49年９月に製造された（51ページ）。外観は１次形と同じであるが、性能はＨＬ車である。

60年代中頃から３８００系の改修工事が始まり、高運転台化やウインドウシルのノーシル化、窓枠のアルミサッシ化や戸袋窓のＨゴム化などが行われた。しかし全車には及ばなかったため、結果的にさまざまなバリエーションが生まれた。

67〜69年には、１次車を中心に富山地方鉄道、大井川鉄道（現・大井川鐵道）、豊橋鉄道へ合計22両が転出した。

残った２次車は支線直通特急の運転開始に合わせて、60年代後半から客用扉間がクロスシート化され、車体色も濃緑色からストロークリーム＋赤帯に変更された。しかし、このクロスシートも混雑緩和のため、74年に乗降扉付近の４脚が撤去された。

71年からＨＬ車に続いて、ＡＬ車でも車体更新が始まった。冷房装置付きの車体更新車７３００系（53ページ）を製造することになり、主要機器を提供するために28両が引退した。

その後は残った車両の整備が進められ、75年にはワイパの電動化や車内の蛍光灯化、台車のコロ軸受け化が完了した。車体色がスカーレットに変更され、89年９月まで活躍した。

1958年の事故で全焼し、全金属製車体に載せ替えられた直後の3857F。神宮前　1959年5月15日

1200㎜幅の大きな側窓が特徴の3850系3856F。車体色はライトピンクとマルーンのツートン。東岡崎　1958年6月13日

1959年の事故で全焼し、同じく全金属製車体になったモ3859の塗装変更後。新一宮　1970年5月17日

重整備を受けた晩年の3851F。モ3851はウインドウシルが車体の内側に入ったが、ク2851は外側に残る。

3850系

張り上げ屋根に新塗装、大きな窓が魅力の特急車

1951年7月に戦後初のロマンスカー3850系が登場。モ3850形とク2850形の2両固定編成が5本製造された。半鋼製車体で、張り上げ屋根と1200㎜幅の大きな側窓で明るい室内となった。車内は全席固定クロスシート、床はリノリウム張りである。

車体色はウインドウシルより下がマルーン、上がライトピンクに塗り分けられ、この塗装はパノラマカー7000系を除いて3730系までの新製車に採用された。台車はモ・クともゲルリッツ台車のFS-107を履いた。ゲルリッツ台車は板バネで軸箱を支えるのが特徴の堅牢な台車である。登場時は電気制動を使用していたが69年1月に撤去された。

登場時は岐阜~豊橋間の特急・急行用に2本を連結し、4両編成で運転された。58年11月と59年11月に事故で焼損し、3857Fとモ3859の3両が全金属製車体で復旧した。他の車両は66年から70年にかけて重整備が行われ、高運転台化や乗降扉両側のロングシート化、蛍光灯化が施行された。

モとクで製造メーカーが異なり、車体構造の違いから半鋼製車体の更新車のモはウインドウシルが車体の内側に入ったが、クは外側に残ったままだった。79年に3856Fの前面窓がHゴム化され異彩を放った。90年まで活躍し、台車や電装品などは3300系や6750系に転用された。

4両編成化後の3902F。ク2900形は制御だがパンタグラフを搭載していた。豊橋　1958年4月19日

3900系の最終編成、3904F。名鉄における最後の新製AL車となった。豊橋　1958年8月2日

3900系

車両の軽量化が図られた最後の新製AL車

3900系は、3850系の改良版として1952年12月に登場。3850系に続く特急用として戸袋窓付近をロングシート化したセミクロスシート車で、車体の軽量化が図られた。最初から蛍光灯を装備、屋上の通風器は2列である。

登場時はモ3900形+ク2900形の2両編成で、53年に中間車サ2950形+モ3950形を加え、豊橋側からモ3900形+サ2950形+モ3950形+ク2900形と4連化された。同時にFS－13台車が作られてク2900形のFS107と交換され、FS107はモ3950形に転用された。また、モ3950形には、モ3506とモ3507の電装解除の発生品を一部に使用している。

54年7月に登場した第4編成は、ク2904+モ3954+モ3955+ク2905の4両編成で、細部の寸法や屋上機器、床下機器の形状や配置、台車などが既存編成と異なり、74年に改造されるまで他のAL車と連結できなかった。

車体色は、第4編成のみがライトパープル化されたほかは3850系と同じ変遷をたどり、スカーレットとなった。外観はク2903が高運転台化されたほかは、大きな改造を受けることなく登場時の姿を保った。また、第1編成は最晩年に登場時の2両編成となり、片側のパンタグラフが撤去された。87年3月まで活躍し、台車や電装品は3300系などに転用された。

既存の台車のまま運転されたモ3753＋ク2071。神宮前　1958年6月16日

1956年頃、試験台車を履いて神宮前付近を走行するモ3751。

中空軸平行カルダン駆動の試験に供されたモ3751＋モ3752＋ク2081。左上のモ3753と台車が異なるのが分かる。　神宮前　1959年8月31日

モ3750形

5000系から本格採用された平行カルダン技術の礎

1948年8月に太田川車庫で火災があり、モ3301・モ3304・モ914が焼損した。そこで、使用できる電装品と3800系と同じ車体を組み合わせてモ3750形3751～3753の3両が49年9月に製造された。性能はHL車で、後に2両が平行カルダン駆動の試験車両となった。

戦後、鉄道各社では駆動方式の改良を模索した。名鉄は最初、平行カルダン方式は可撓接手《かとうつぎて》の開発が不十分などの理由により、直角カルダン方式で試験が行われた。51年7月からモ3501に東芝製TT-1形台車、52年にはモ3851に住友製FS-201形台車を試したが採用には至らなかった。

その後、新開発の可撓接手の登場により、中空軸平行カルダン方式が注目され、汽車製造製KS-106台車に東洋電機製造製の主電動機と中空軸平行カルダン方式の駆動装置をモ3751とモ3752に搭載。54年3月からモ3751+モ3752+ク2081の3両編成で長期実用試験を行ったところ結果は良好で、5000系以降の新性能化の基本となった。

試験終了後は2両とも元に戻され、高運転台化やウインドウシルの埋込化、戸袋窓のHゴム化などの車体整備を受けた。

66年に3両ともHL車の鋼体化車両に部品を提供して付随車サ2250形となり、築港《ちっこう》線で69年まで活躍した。

ク2882＋モ3884＋モ3883の3両編成。ク2880形のうち5両は東急クハ3750形が種車で、非貫通型だった。(Na)

ク2886＋モ3892＋モ3891の3両編成。ク2886は東急デハ3713の電装解除車で、貫通型だった。(Na)

3880系

一般車のスカーレット色化と3扉車導入のきっかけとなる

1973年のオイルショック以降、乗客が急増し、ラッシュ時の混雑は一層激しくなった。当時は2扉車が中心で、増結による長編成化などで対応したが、混雑の解消は困難だった。

そこで東急電鉄から3扉ロングシート車の3700系を75年と80年に計20両を購入。名鉄仕様の3880系が登場した。2M1Tの3両編成または2本連結して6両編成で運行された。東急3700系は、名鉄3800系と同じ17m級車体の運輸省規格型である。東急時代はデハ3700形が15両、クハ3750形が5両あったが、名鉄ではモ3880形が14両、ク2880形が7両必要なため、不足するク2880形はデハ3700形の電装解除と国電の戦災復旧車、東急3600系のクハ3670形の購入で対応した。

名鉄仕様への改造は尾灯の角型化、行先・種別表示板受けや名鉄式ATSの設置、前面の貫通幌の撤去など必要最小限度にとどめられた。車体色はスカーレットで、当時は7000系などの特急車のみが使っていたが、これ以降は一般車にも採用が広がった。

運用は3880系だけで行われ、他形式とは連結されなかった。ラッシュ時の輸送力は大きく、翌年の3扉車6000系につながった。85年3月に役割を終えたが、台車や扇風機はAL車・HL車用に転用された。

5200系のような前面と7000系のような側面の7300系。輸送サービスの向上に貢献した。

上と同じ7300系だが、試験的に貫通扉に行先、車掌側の前面窓に種別表示器が設置された。（Ni）

7300系

パノラマカー並みの設備を備えた車体更新車

7300系は、半鋼製AL車の車体更新車として1971年10月に登場し、2両編成9本と4両編成3本の合計30両が製造された。車体は冷房付きで、展望設備はないが7000系パノラマカーに似た連側窓に転換クロスシート、ミュージックホーンを備えた2扉車である。

運転台が平屋の位置にあるのは、当時タブレットを使用する路線が残っていたためである。5200系由来の貫通扉付きパノラミックウインドウに前照灯を3灯備えた前面のデザインは、73年4月登場の7700系にも引き継がれた。

走行機器や台車は3800系29両やモ806、モ807から転用し、制御器と電動発電機は新製品を使用している。台車はD－18で、71年から台車の軸受けはローラーベアリング化された。乗り心地を改善するため、78年からコイルバネのFS－36台車を新造してD－18と交換した。交換した台車はAL車やHL車に玉突きで転用し、旧式の台車を淘汰した。

弱め界磁が使えるため高速性能に優れ、支線だけでなく本線でも使用。登場時は尾西線・津島線～三河《みかわ》線の直通特急などでも活躍した。97年5月までにすべての車両が活躍を終えて、30両のうち28両が豊橋鉄道渥美《あつみ》線に活躍の場を移した。97年7月の1500V昇圧に合わせた移籍で、独自の塗装が施されて2002年まで活躍した。

沿線PRの看板を掲げ、瀬戸線の急行に就く6750系1次車。6000系に準じた、当時の名鉄電車らしい顔をしている。（Si）

車体や屋上のクーラーは新しい時代の電車だが、台車などは吊掛電車ならではの形状をしている。（Si）

6750系

1次車と2次車で外観が異なる最後の吊掛駆動電車

1980年代後半の名鉄は冷房車両を積極的に導入し、冷房化率の向上に努めていた。新造費を抑えるために冷房を搭載した車体を新造し、主要機器などは吊掛駆動のAL車の機器を転用する方法で車両を量産した。

当初は6600系の増備車として6650系と命名され、86年3月に2両編成が2本登場した。90年の2次車登場後に、6650系は6750系1次車と呼ばれるようになった。

6600系に準じた車体の3扉ロングシート車で窓配置は6600系と同じだが、ホームとの段差を少なくするため床面は40㎜下げられた。妻面寄りの雨樋は外付けとなり、保守の容易化が図られた。前面の標識灯は本線の6500系2次車と同じ角型LEDで、スカートは解放・連結作業を考慮して省略された。

冷房装置は6000系5次車以降と同じ容量の10500kcalタイプを1両に付き2基搭載したが、熱交換型換気装置（ロスナイ）は省略された。

主要機器は3900系（OR車）の最終編成から台車のFS−16や主電動機、制御器、ブレーキ装置などが転用された。

この車両の登場で瀬戸線の冷房化率は向上したが、在来車とは制御方式が異なるため、本線のように非冷房車と冷房車の併結はされず、1次車4両のみで固定編成が

前照灯の位置や前面窓、さらに側窓まで、別形式といっていいくらい大きく変わった6750系2次車。（Ts）

組まれた。編成の中間に入った2両の先頭車には貫通幌が取り付けられ、車両間を行き来することができた。連結側でない先頭車にも幌は設置されていたが、晩年は撤去された。

1次車の登場から4年後の90年6月、非冷房の3770系の代替車として2次車が登場した。主要機器はＡＬ車3850系などの台車・制御器から転用された。

車体は窓配置や前面などのデザインが変更された。側面に種別・行先表示装置が設置され、扉間は6500系6次車以降で採用された三連続風の窓となった。前面窓は下方に拡大され、前照灯は下に降ろされて尾灯と共に腰板にまとめられた。

冷房装置は1次車の2基から混雑時を考慮して3基に増設された。車内は化粧板がクリーム色となり、1次車と色調が変更された。編成は4両固定編成となったが、当時の検車区の作業性を考慮して2両単位で入換ができるよう簡易運転台が設けられた。

2次車の登場で瀬戸線は本線系より早く冷房化率100％を達成。2次車のうち3編成は96年7月に廃車された3780系の軽量台車ＦＳ－35とゲルリッツ式台車ＦＳ－107を交換して軽量化された。

2008年に登場した4000系と交代して、11年2月までに2次車が活躍を終えた。2次車はカルダン駆動方式の新性能化に改造できる構造だったが、改造はされなかった。残った1次車の4両は、名鉄最後の吊掛駆動方式の電車として11年3月に引退した。

1次車（手前）と2次車（奥）の違いがよく分かるカット。（Ts）

小牧線を走る3300系。6000系5次車に準じた新しい車体で冷房を搭載するが、足まわりは吊掛駆動である。（A）

3300系

本線用最後のAL車
支線の冷房化に貢献

6750系に続き、車体を新造して主要機器を吊掛駆動方式のAL車3900系（OR車）などから転用する方法で、1987年6月に3300系（2代目）が登場した。本線用に3両編成が4本製造され、瀬戸線用6650系の1M1Tに対し、加速性能を上げるため3300系は2M1Tである。

機器のうち補助電源装置と空気圧縮装置は他の車種で使用している共通の機器を新品で使用したが、新設計部分の縮小などで新造費は従来の65％程度に抑えられた。

車体は冷房装置付きの3扉ロングシート車。扉間は3枚の独立窓で、開閉はバランサー付きの下降方式である。前面は6650系から幌の取付台座を除いたデザインとなっている。冷房装置は6650系1次車と同じ10500kcal×2基が装備され、後に一部車両で冷房能力が強化された装置に交換されている。

ローカル支線の冷房化率向上を目的に登場し、広見線、小牧線、築港線で活躍。名古屋本線でも使用された。晩年は小牧線と築港線で使用され、2003年3月に小牧線と上飯田線の相互直通用車両300系の登場に合わせて全車が引退。本線から吊掛駆動方式の電車が姿を消した。引退後は補助電源装置のSIVが1384編成に転用され、M車の台車と主電動機がえちぜん鉄道に譲渡されて3度目の役目を果たしている。

Chapter 4

引退した名鉄電車

HL車 編

名鉄を構成するもう1社、愛知電気鉄道では車両の制御方式に、手動で切り換えていく間接制御を採用。自動進段方式のAL車に対し、手動進段方式（HL車）と呼ばれた。名鉄の制御方式はAL車が主流となったため、木造・半鋼製HL車は全金属製車体の3700系、3730・3770系、3780系に電装部品や台車を提供して姿を消した。

モ1021＋ク2291。竹鼻線で運行されたのは珍しい。
不破一色　1959年11月1日

今村（現・新安城）の看板を掲げ、西尾線を行くモ1003＋ク2068。
三河吉田（現・吉良吉田）　1958年6月10日

蒲郡線の絶景区間を行くモ1003＋ク2063。西浦～洲崎（現・こどもの国）間
1958年6月10日

愛知電鉄電3形 ➡モ1000形・モ1020形

愛知電鉄初のボギー車 名鉄への経緯で2形式に

愛知電鉄3形は、1921年5月に同社が初めて投入したボギー車である。愛電は当時形式と関係なく製造順に車番を付けており、電3形21~27とされたが6両である。「25」が欠番だが、これは19年10月に「5」と「15」が新舞子付近で正面衝突事故を起こしたことに起因し、以降の愛知電鉄では末尾に「5」は使用されなかった。

木造ダブルルーフの3扉車で、600V用HL車である。半円状に5枚窓が並ぶ優雅な前面形状は大正時代に流行し、近鉄や阪神、南海などにも採用された。27年に改番されてデハ1020形1020~1026となったが、1025は欠番である。

その後、デハ1020・1021に郵便室が設けられ、デハユ1020形1020・1021と改称。名鉄合併後はモユ1020形1021・1022となり、後に客室に戻されてモ1020形1021・1022となった。

一方、デハ1022~1026の4両は1928年に碧海《へきかい》電鉄に移り、2代目デハ100形100~103となった。44年に名鉄と合併し、モ1000形1001~1004となった。

6両とも名鉄の車両となり、蒲郡線や西尾線で単行や気動車改造の制御車などを連結して運転された。昇圧後は竹鼻線を経て全車が各務原《かかみがはら》線に移り、最後は広見・小牧線で1964年まで活躍した。

モ1031＋モ1004。くしくも元・電4形と電3形の2両編成で、2両目のモ1004と比べ、側窓の数が多いのが分かる。今村（現・新安城）　1959年12月9日

愛知電鉄電4形 ➡ モ1030形

愛知電鉄で新製された大型車体のダブルルーフ車

　右ページの電3形が登場した翌年の1922年3月に、電4形が2両落成した。日本車輌製で、5枚窓が並ぶ丸妻にダブルルーフの3扉車という特徴は電3形と同じだが、車体長は電3形の13・5m前後（番号により違いあり）から、15・1mに延長された。車体長が伸びたことで客用扉間の窓が電3形の2連+3連の5枚から、3連+3連の6枚に増えた。

　登場時は客室と荷物室を備えた合造車で、中央扉部分に荷重1トンの荷物室を設け、客室は荷物室を挟んだ前後にあった。集電装置はポールが前後に1本ずつ搭載され、ネジ式連結器であった。制御装置は直接制御で、戦後に間接制御のHL車に改造された。同時にブレーキ装置もモ1000形に合わせて改造されている。

　形式は愛電時代の27年に変更され、デハニ1030形1030・1031となった。しかしデハニ1030は、安城の東海道線跨線橋から転落して廃車となった。名鉄にはデハニ1031のみが承継され、41年にモニ1030形1031と改称された。

　戦後は荷物室が撤去され、49年にモ1030形1031となった。西尾・蒲郡線を中心に運用され、平坂《へいさか》支線に入ることもあった。以降は1000形・1020形と共に64年10月まで小牧線で活躍。引退後の台車は、3700系ク2730に転用された。

車体を転用される前のク2042＋モ914＋モ913の3両編成。ク2046とは客用扉の形状も異なる。神宮前　1959年5月14日

ク2046＋モ1074の2両編成。上のク2042と比べ、屋根が浅いのが分かる。知立　1958年2月19日

愛知電鉄電5形 ➡ク2040形

愛知電鉄初のシングルルーフ車 電装解除後も複雑な経歴を歩む

愛知電鉄では、1922年の岡崎線開通に合わせて電5形を8両投入した。15m級車体の木造3扉車で、前面は非貫通の切妻である。この形式から屋根がシングルルーフとなった。25年6月の岡崎線1500V化で、集電装置がパンタグラフからポールに交換されて600V区間の常滑線に転属した。27年にデハ1040形となり、名鉄発足後の41年にモ1040形と変更された。末尾1・2は戦災、5は48年の火災に遭ったが、車体形状が変更されて復帰した。48年に電装解除されて制御車ク1040形となり、さらに1500V用HL車の制御車ク2040形2041〜2048となった。ク2048・2046は三河線で使用された。ク2046以降の車体は屋根が浅い。

58年にク2044〜ク2048が鋼体化車両3700系に部品を提供。ク2043は59年6月に引退。ク2041はク2047の車体を転用されてST-27A台車を、ク2042はク2045の車体にTR-10台車を履いた。2両とも側板に鋼板を張って補強され、600V用AL車の制御車として瀬戸線へ転属。65年8月には揖《い》斐《び》・谷汲《たにぐみ》線に異動した。

ク2041は1966年2月に引退し、台車はク2739へ転用された。ク2042は66年11月に北恵那《きたえな》鉄道に移りク551となり、78年9月の営業終了まで在籍した。

側窓の配置が3連＋1、1＋3連と不規則な配置の晩年のク2001＋モ3201。神宮前構内　1957年8月18日

晩年に撮影されたク2012＋モ3210。車両の後位側に郵便室を示す白帯が残り、郵便室用の扉の幅が他の客用扉より広いのが分かる。知立　1958年11月20日

愛知電鉄附2形➡ク2000形・ク2010形

荷物車や郵便車としても活躍した愛電初の制御車

附2形は1923年に登場した愛電初の制御車だが、形式は付随車と同じ「サハ」であった。車長は電5形より長い17m級である。車体は前面が電5形と同じ、側窓は客用扉間が2連＋2連の配置であるが、晩年のク2001は3連＋1、1＋3連と不規則な配置となっている。初期のシングルルーフのため、通風機が独特な形状の半ガーランド式が2列に配置されている。

愛電時代は電5形や電7形とも編成を組んだ。愛電時代の形式名称の変更で27年にサハ2000形となり、名鉄発足後の41年にク2000形となった。

このうちク2006とク2004は愛電時代に車端部が郵便室化されてサハユ2010形2010・2011となり、41年にはクユ2010形2011・2012と改称された。57年にク2010形2011・2012となり、59年に引退した。郵便室用の扉は開口幅が広く、中央寄りの側窓が2枚埋められていた。

ク2009とク2010は愛電時代に荷物室が設けられて附2荷形となり、名称の変更でサハニ2030形2030・2031となった。名鉄発足後の41年にクニ2030形2031・2032となり、戦後は荷物室が撤去されて57年にク2000形2007・2008となった。全車が64年8月まで活躍した。

複電圧仕様のモ1061＋ク2141。写真は側窓が幅広4枚窓に改造された晩年の姿。1958年3月31日

モ1070形は1500V仕様。側窓はこちらが原型の姿だ。モ1078＋ク2132。知立 1958年2月19日

愛知電鉄電6形 ➡モ1060形・モ1070形

愛知電鉄最後の新造木造車 初期車は複電圧車

電6形は1924年7月に5両、25年6月に9両が日本車輌で製造された。16m級車体、丸屋根の3扉車で、前面は切妻3枚窓。愛電が最後に新造した木造車となった。乗降扉間の窓は3連+3連だが、晩年のモ1061のみやや幅広の窓が等間隔に4枚配置された。

27年の形式名称変更で、デハ1060形（1060〜1064）とデハ1066形（1066〜1074）に分けられたが、番号は連続していた（末尾5は忌《い》み番号のため欠番）。デハ1060形が600V／1500Vの複電圧車、デハ1066形が1500V専用車と異なるのは、デハ1066形の登場が、25年6月の岡崎線（神宮前〜東岡崎間）1500V化後のためである。

名鉄発足後の41年にモ1060形1061〜1065、モ1070形1071〜1079と改称。西部線昇圧後に複電圧装置が撤去された。しかし主電動機のメーカーの違いから、1500V用HL車ながら形式は分けられたままであった。

56年頃はモ1060形とモ1070形1071〜1074は名古屋本線、モ1070形1075〜1079は三河・挙母《ころも》線で使用された。モ1060形は57年10月からHL車の鋼体化車両3700系に部品を譲り、59年7月までにモ1070形を含む全車が3700系に生まれ変わった。

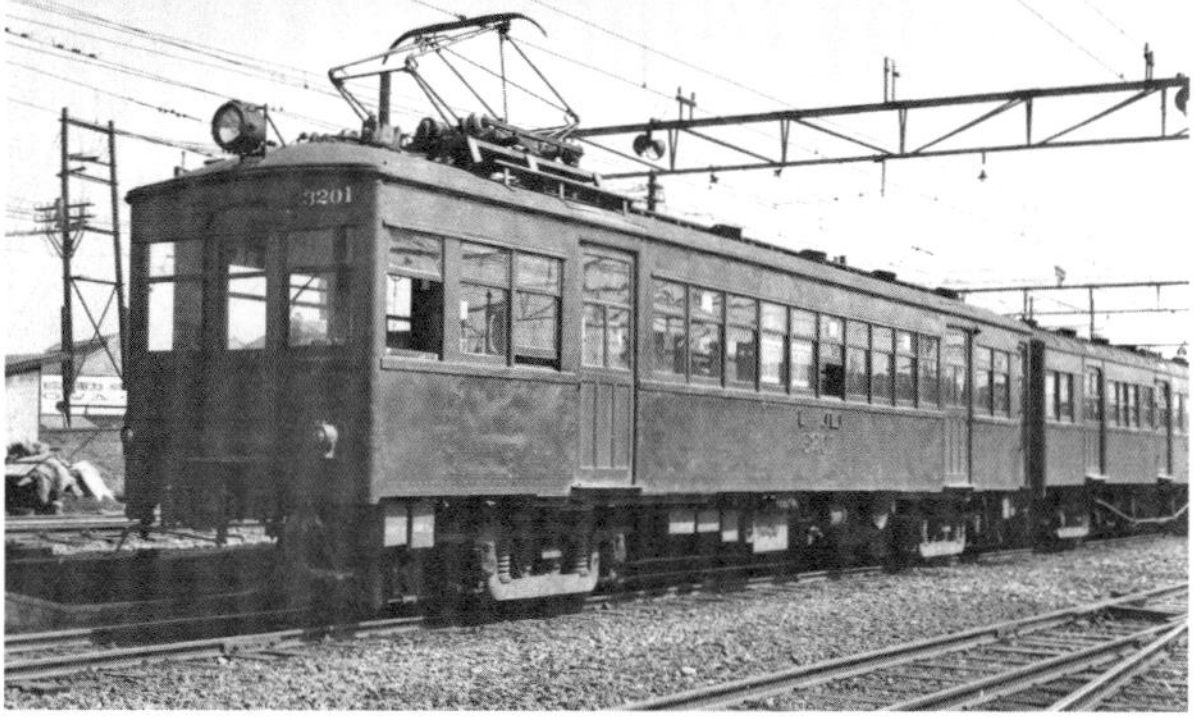

車体中央寄りに設けられた2扉や狭い側窓が優等列車用らしいモ3201。神宮前 1958年4月6日

鳴海工場でのク2301＋モ3200。前面にチョークで「神宮前」と書かれている。1959年の撮影なので、完成した直後だろうか。1959年7月2日

愛知電鉄電7形・附3形 ➡ク2300形・ク2320形

神宮前～豊川間直通運転用の愛電初の半鋼製車両

愛知電鉄は名古屋と豊橋を結ぶ鉄道敷設免許を得ていた東海道電気鉄道を1922年に合併し、有松裏（現・有松）から豊橋に向けて延長工事を始めた。高速運転を考慮し、なるべく直線となるように路線が決められた。名古屋から有松あたりまで曲線が続き、以東は直線が多くなるのはこのためである。当時は豊橋の終点場所が決まらず、先に決まった豊川までの乗り入れ工事が優先して行われた。伊奈を経由して小坂井から豊川鉄道（現・JR飯田線）に乗り入れ、豊川まで直通することとなった。

神宮前～豊川間の直通運転開始用に、愛知電鉄が日本車輌で製造したのが電7形で、1926年3月に9両、同年8月に同型車体の制御車、附3形が1両登場した。愛電初の半鋼製車でセミクロスシートの2扉車である。貫通路が付いた両運転台車で、片隅運転台を備えて乗務員扉は車掌側にのみ設けられた。電7形は高速運転用に100HPの主電動機を4基備えたHL車で、集電装置には初めてパンタグラフが装備された。

27年の名称変更で電7形はデハ3080形3080～3089（3085は欠番）、附3形はサハ2020形2020となり、名鉄発足後の41年にモ3200形3201～3209、ク2020形2021となった。ク2020形はその後、48年に電装されてモ3200形3210となった。

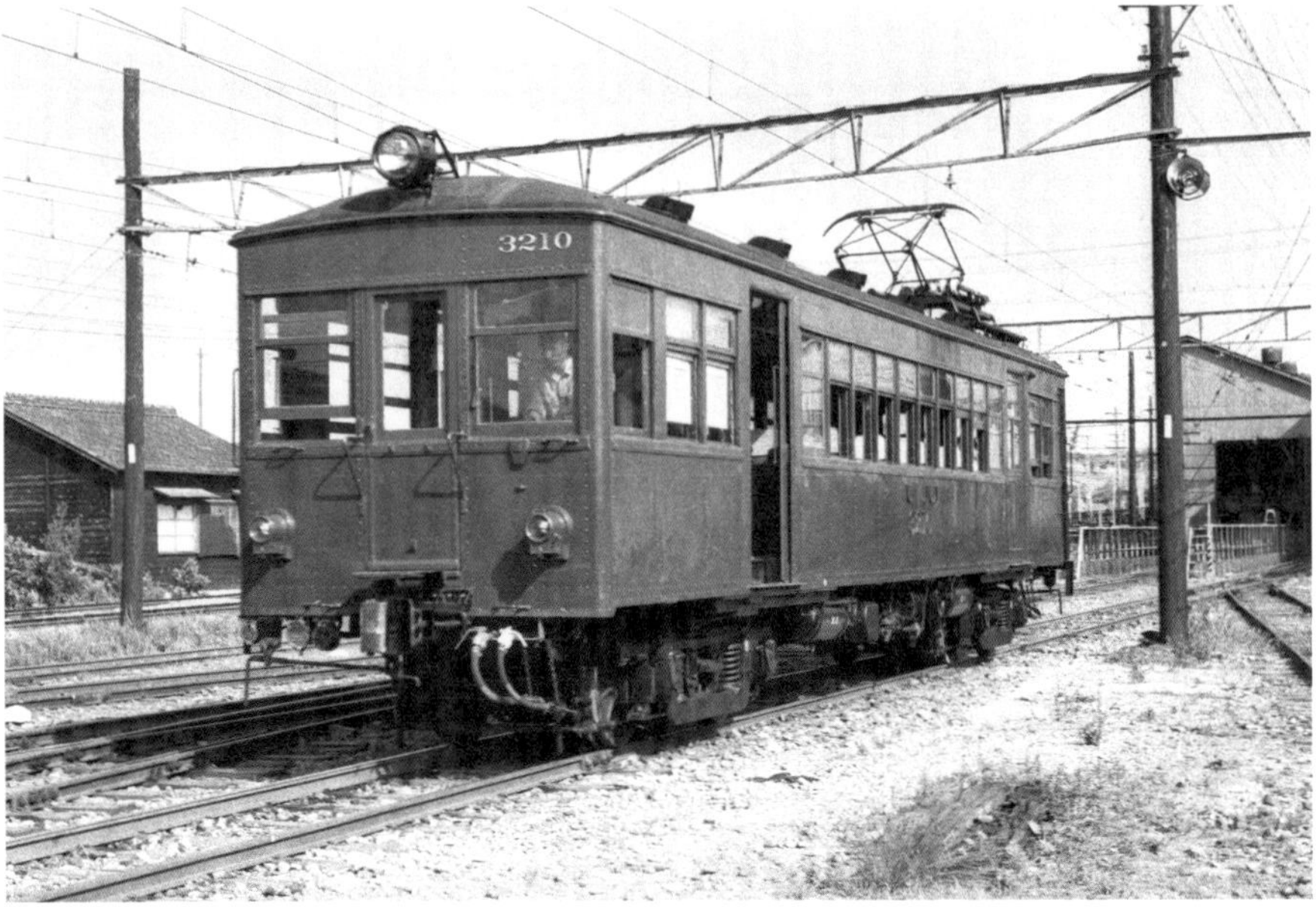

鳴海工場でのモ3210。開いたままの客用扉からは、白いカバーの付いたクロスシートが見える。1959年6月24日

59年にHL車の鋼体化車両の部品供給用にモ3203・3207・3209が電装解除されてク2300形2301〜2303となった。片運転台化されて運転士側にも乗務員扉を増設、車掌側の乗務員扉を開き戸に改め、全室運転台となった。反対側の運転台は撤去されて客室化された。

ク2300形以外は、モ3204が踏切事故で高運転台化された後、64年に電装解除されてク2320形2321〜2326となった。車体は旧運転台から機器が撤去された程度であった。

59年に落成したク2300形、ク2320形は、モ1020形やモ1080形から提供された台車を履き名古屋本線などで活躍。65年から600V用AL車の制御車に改造されて、全車が瀬戸線に移った。ほとんどの車両が自動扉から手動扉化された。

翌66年3月から瀬戸線で特急運転が始まり、ク2300形とク2320形はモ900形と編成を組む特急車として整備された。自動扉の再設置や車内の蛍光灯化、座席の転換クロスシート化がなされた。車体色は7000系パノラマカーと同じスカーレットとなり、逆さ富士形の方向板やミュージックホーンを装備して活躍した。

一方、手動扉のク2320形2325〜2327はモ700形と組み、緑色の車体色で活躍した。

73年8月、輸送力増強用に名古屋本線の3700系が瀬戸線に転属。ク2325とク2327は揖斐・谷汲線へ移り、モ700形・モ750形と組んだ。その後、78年3月に瀬戸線が1500V化され、揖斐・谷汲線に転属するク2323・2326以外のク2320形とク2300形は引退した。晩年は体質改善が行われ、窓枠のアルミサッシ化や扉をプレスドア化した車両も登場した。1997年5月、揖斐・谷汲線で4両とも71年間に及ぶ活躍を終えた。

機能一点張りの角張った新製車体になったデニ2000形2001。
名鉄電車でも異色の形状である。豊橋　1958年10月9日

愛知電鉄
デハ3090形
➡デニ2000形

日本車輌製の全鋼製試作車
後に半鋼製荷物電車に改造

デハ3090形は、1926年12月に日本車輌で製造された全鋼製車両で、電7形の最後の1両として登場した。車体は半鋼製から全鋼製となり、細部の寸法や構造が異なるため27年の改称で新形式デハ3090形3090となった。前照灯が腰板に取り付けられた最後の車両で、後に屋上に移設された。名鉄発足後は41年にモ3250形3251と改称され、戦時中にロングシート化された。晩年はコバルトブルーに塗装されて、荷物専用車として活躍した。

その後、車体の腐食が進んだため、新造した車体にモ3251の電装部品や台車を利用してデニ2000形2001とした。53年11月に名古屋車輌で製造された荷重9トンの荷物電車で、17m級車体を持つ。車体は前面2枚窓の切妻で、前照灯は幕板部に装着。全室運転台を備えた両運転台車で、側面に2カ所の荷物用扉がある。荷物用扉の両側に窓が1枚ずつあり、荷物室の窓はすべて保護棒が付く。屋根は単一の曲線を描き、屋根の浅い国鉄63形電車のような形状である。車体色は他の一般車の同じ緑で69年8月まで活躍した。

名鉄の電動貨車は複数両存在した（8章参照）が、荷物専用電車はデニ2000形だけである。また2000番台の形式は登場時、制御車・付随車だけに使用された形式で、電動車で2000番台が使用されたのは珍しかった。

栄生駅の電留線に停車するモ3356＋モ3352。片運転台仕様のモ3350形の2両編成だ。奥には「いもむし」こと3400系が見える。1957年12月2日

愛知電鉄デハ3300形
➡モ3300形・デハ3600形・サハ2040形
➡ク2340形

神宮前～豊橋直通用の愛知電鉄初の18m級大型車

1927年、伊奈～吉田（豊橋）間の開通で神宮前～吉田間が全通し、直通運転を開始した。28年、輸送力の増強用に3300系が造られ、最初にデハ3300形が6両登場した。2扉両運転台付き電動車で客用扉間はクロスシート、戸袋部分はロングシートのセミクロスシート車である。

愛電初の18m級車体の大型車となり、車体幅は愛電の中で最大となった。前面は貫通扉付きの平妻で、客用扉の下辺が一段下がっているのが特徴で、重厚な姿から「大ドス」の愛称で呼ばれた。乗務員扉は運転台側が開き戸、車掌側が引き戸であった。制御方式はHLで、台車は番号によりD‐16とボールドウィンが使用された。

28年末にデハ3300形の片運転台仕様のデハ3600形が4両登場した。愛知電鉄初の片運転台車で、29年に前の2形式用の制御車としてサハ2040形が5両造られた。

神宮前～吉田間は高速運転を目指して建設されたため線形が良く、全通時は並走する東海道本線の所要時間が110分かかるのに対し、愛電の特急は63分であった。所要時間のさらなる短縮が図られ、堀田～笠寺間の複線化に合わせて30年9月から運転を開始した超特急「あさひ」は最短57分で結んだ。3300系のうちデハ3302は、愛電の看板列車として特急の専用車に充てられた。

片運転台仕様のモ3300形
モ3304＋モ915。神宮前
1958年6月17日

片運転台仕様のモ3350形
モ3357以下の3両編成。
神宮前　1960年6月30日

名鉄発足後の41年に改称され、デハ3300形はモ3300形3301~3306、神宮前側に運転台を持つデハ3600形はモ3600形3601~3604、豊橋側に運転台を持つサハ2040形はク2040形2041~2045となった。3形式とも66年まで活躍し、台車や電気装備品などはHL車の鋼体化車両3780系などに転用され、車体のみが北陸鉄道、豊橋鉄道、大井川鉄道に譲渡された。

モ3300形のうち3301と3304は48年8月に焼失したが、機器類を利用して3800系の車体と組み合わせてモ3750形に生まれ変わった。残った車両は3305→3301、3306→3304と改番され、3301~3304となった。引退後は66年9月から67年1月にかけて3302が大井川鉄道、他は北陸鉄道へ譲渡された。

モ3600形は52年9月にモ3350形3351~3354に改番された。65年には戦災復旧時に運転台が豊橋側に変更されたモ3353を除いて制御車化され、ク2340形2341~2343となった。引退後は66年11月に2343が豊橋鉄道、他は北陸鉄道へ譲渡された。

ク2040形は47年の西部線昇圧に合わせて電動車化されて、モ3600形3605~3610となった。50年に改番されてモ3610形3611~3615となり、52年9月にモ3350形3355~3359と再改番された。65年に3355・3356が制御車化されてク2340形2344・2345となった。

引退後は66年9月から67年1月にかけて2344が北陸鉄道、2345・3357・3358が豊橋鉄道、3359が大井川鉄道へ譲渡された。

2扉車のモ911形以下の大野町行き常滑線急行。写真はまだ両運転台である。神宮前構内

知多鉄道デハ910形 ➡モ910形 ➡ク2330形 ➡モ900形

知多電鉄開業時に登場 瀬戸線では特急で活躍

知多鉄道デハ910形は、1931年4月の開業用に日本車輌で製造された17m級の半鋼製車体、2扉のセミクロスシート車である。パンタグラフを2基搭載し、両運転台を備えたHL車であった。

愛知電鉄の系列会社のため、同じ付番方法でデハ910形910〜918（915欠番）となった。名鉄発足後41年の改称でデハ910をデハ915に改番してモ910形911〜918とし、ロングシート化された。

48年にモ914が火災により廃車され、電装品などを転用して49年にモ3753となり、モ918はモ914に改番された。55年から片運転台化され、後に旧運転台部分は客室化された。64年から3730系に電装品を転用するため制御車化され、1500V用HL車の制御車ク2330形2331〜2337となった。

65年に瀬戸線へ転属。モ600形の電装品などを転用し、600V用AL車モ900形901〜907となった。66年3月から瀬戸線に特急が新設され、ク2300形、ク2320形と編成を組むため特急用の整備を実施。車体色はスカーレット地に白帯を巻き、座席はモ907を除き全車が転換クロスシートを備えたセミクロス化された。逆さ富士形の方向板やミュージックホーンを搭載し、78年3月の昇圧で引退。車体は福井鉄道・北陸鉄道に譲渡された。

笠松～大須間の行先板を掲げ、竹鼻線で運行中のク1013。笠松　1956年5月5日

三河・挙母線時代のク1011。1955～56年に1500V用制御車に改造され、1957年には600V区間に転出しているので、三河・挙母線には長くて2年しかいなかったことになる。1956年撮影（A）

碧海電気鉄道デハ100形
➡モ1010形
➡サ1010形
➡ク1010形

愛電編入後は最後まで「1010」の形式で活躍

愛知電鉄の系列会社である碧海《へきかい》電気鉄道が、1926年7月に今村（現・新安城）～米津《よねづ》間の開業時にデハ100形101～103を投入した。この路線の電圧は今村で接続する愛知電鉄岡崎線（現・名古屋本線）と同じ1500Vで、当初から1500V用のHL車であった。丸屋根の14m級木造ボギー車で、前面は非貫通3枚窓の3扉車。台車は当時では珍しいコロ軸受けを採用し、主電動機もブレーキもドイツ製であった。

ところが、28年10月に愛電西尾線の西尾に乗り入れるため、今村～西尾間が600Vに降圧された。そのため600V車として愛電の電3形4両が碧海電鉄に入り、代わりにデハ100形が3両とも愛電に移籍。愛電のデハ1010形1010～1012となり、名鉄合併後はモ1010形1011～1013となった。

43年9月に電装解除されて付随車サ1010形1011～1013となり、機器類は木造電気機関車デキ800形802・803に転用された。56年までに1500V用HL車の制御車、ク1010形1011～1013に改造されて三河線で使用。翌57年に600V用HL車の制御車に改造されて竹鼻線に転属し、62年に3両とも瀬戸線に移った。翌63年9月にク1011のみ揖斐線に移り65年5月まで活躍。台車はク2221・2222に転用された。

田中車輌製のデ100形105を改称したモ1085(手前)。台車はTRタイプ。モ1085＋モ809。　土橋　1958年3月31日

東洋車輌製の増備車、デ100形108を改称したモ1088。台車はボールドウィンで、上の写真と形状が違うのが分かる。大樹寺　1958年3月4日

三河鉄道デ100形 ➡モ1080形

三河鉄道の電化開業で登場したオールクロスシート車

三河鉄道は所要時間の短縮と運転本数の増加を目的に1926年2月に猿投～大浜港（現・碧南）間を1500Vで電化し、旅客輸送用にデ100形101～106を用意した。この6両は田中車輛（現・近畿車輛）製で、翌年7月に東洋車輌製の107・108が登場した。制御方式は同じHLだが、製造会社で車両の細部の寸法が異なる。台車は前者がTRタイプの省型、後者はボールドウィンである。

車体は15m級の木造車で、前面は平妻3枚窓である。運転室は乗務員扉がない全室型で、以降の三河鉄道で新造される電車に乗務員扉はなかった。観光客誘致を目的に座席はすべてクロスシートとし、三河鉄道では「夫婦式電車」と表現して絵葉書などで広告をした。

41年の名鉄合併後はモ1080形1081～1088と改称され、戦時中にロングシート化と3扉化が行われた。戦後も単行やほぼ同じ車体を持つ制御車ク2150形などと組んで三河線を中心に運行された。時にはAL車であるモ800形と2両編成を組み、制御方式の異なるHL車であるモ1080形がパンタグラフを下げて付随車代用として運転されることもあった。58年にモ1087・1088がHL車の鋼体化車両3700系に部品を提供するために引退。残りは64年まで活躍し、鋼体化車両に部品が転用された。

三河線を走るク2151＋モ1101。クニ2151に改称後、ク2151となった。 竹村 1958年3月31日

挙母線の廃止でなくなった「大樹寺」の看板を掲げたク2153＋モ1083。こちらは名鉄合併後、荷物合造車になってない。

三河鉄道クハ50形 ➡ク2150形

電動車とほぼ同じ車体の三河鉄道の制御車

1926年2月の三河鉄道猿投～大浜港（現・碧南《へきなん》）電化に合わせて登場したデ100形電動車の制御車として、クハ50形51～54が同年8月に登場した。東洋車輛製で台車は東洋ボールドウィンA型である。15m級の木造車で、扉間にクロスシートを設けた2扉車なのはデ100形とほぼ同形だが、片運転台で荷物1トンの荷物室があるのは異なる。

乗務員扉はないが、運転室は全室型で中央に運転台がある。屋根はシングルルーフで魚雷形ベンチレータ5個が1列に並んでいる。

名鉄と合併後、クハ51・52は荷物合造車クニ2150形2151・2152となり、3扉化された。50年の改番でク2150形2151・2152となったが、荷物室の仕切りは残され、荷物がある時は荷物室として使用し、側面に「荷物」の表示を掲げた。

一方、クハ53・54は三河鉄道時代に荷物室が撤去されてクハ60形61・62と改称。名鉄合併後はク2160形2161・2162となり3扉化された。50年の改番でク2150形に編入されてク2150形2153・2154となった。

1500V用HL車の制御車として三河線でモ1070形、モ1080形、モ1100形などと連結して58年6月まで活躍した。機器類は57年から製造が始まったHL車の鋼体化車両3700系のク2700形に転用された。

三河線挙母（現・豊田市）行きのモ1101。出自が異なるため、異彩を放つ外観だった。竹村　1958年3月31日

三河鉄道デ200形 ➡モ1100形

伊那電気鉄道から下りてきたダブルルーフ車

1927年に猿投～三河広瀬間が開業し、路線延長に備えて三河鉄道が28年に伊那電気鉄道からデハ110形110を購入した。三河鉄道ではデ200形201とし、名鉄合併後はモ1100形1101と改称された。

伊那電気鉄道は現在のJR飯田線天竜峡～辰野間を開業した会社である。デハ110形は24年から日本車輌東京支店でデハ110～112として製造された、16m級車体のダブルルーフで3扉の木造電動車。前面は平妻3枚窓で、中央の窓が狭く一段高いため貫通扉に見えるが非貫通である。側窓は客用扉間に7枚ずつ並ぶ。14年から鉄道院で製造された6310形と似ているが、客用扉間の側窓は6枚である。

1500V用HL車で台車はブリル36Eを履き、三河線で活躍した。ク2239やモ1081、写真のようにク2151と組むこともあった。58年に引退し、電装部品は鋼体化HL車3700系のモ3718に転用された。モ3718は70年に高松琴平電鉄に譲渡され、88年まで活躍した。

また、伊那電気鉄道に残った2両のうち、デハ111は53年にモハ1910となり、富山港線で54年まで使用され、北陸鉄道モ851となった。デハ112は28年に2代目デハ110となり、53年に制御車ク5920となった。2両とも62年まで活躍した。

木造車のク2211を連結して三河線を走るモ3001。重整備前の姿。竹村～土橋間　1958年3月31日

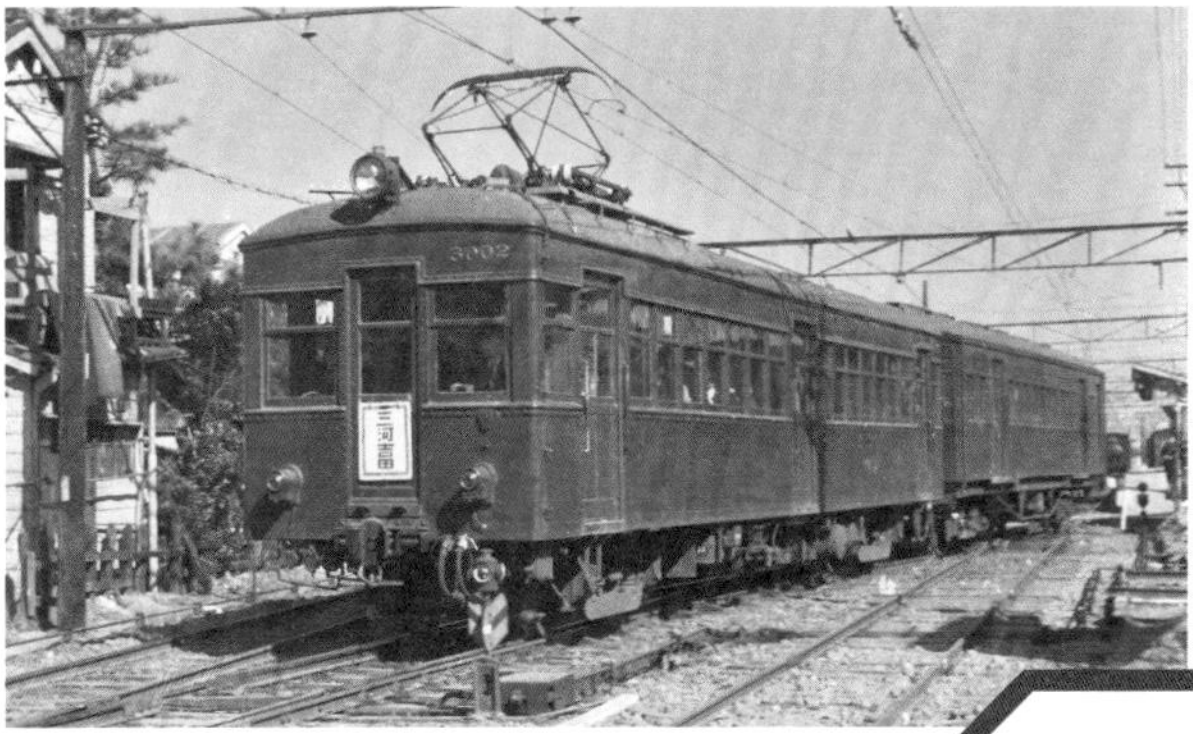

知立（現・三河知立）を発車するモ3002＋ク2131。1958年2月19日

三河鉄道デ300形 ➡モ3000形

三河鉄道の路線網拡大に合わせて投入された大型車

　三河鉄道は路線延長区間の開業により、1928年に西中金《にしなかがね》～三河吉田（現・吉良《きら》吉田）間が結ばれた。さらに翌29年8月に三河吉田～三河鳥羽間、同年12月に上挙母～三河岩脇間の開業が予定されている中で、29年1月に登場したのがデ300形301・302である。日本車輌で新造された三河鉄道初の半鋼製3扉車で、車体長は三河鉄道最大の18m級となった。鋼製化により窓が天地方向に広がり、上昇式の二段窓となった。1500V用HL車で三河鉄道の伝統に従い乗務員扉はなく、前面は平妻で貫通扉が設けられた。

　41年の名鉄との合併後はモ3000形3001・3002と改称され、三河線を中心に運用された。63年2月に3001が重整備を受けて運転台のかさ上げと戸袋窓のHゴム化が行われ、貫通幌の取付台座も設けられた。また、晩年の3002は戸袋窓がHゴム化され、低運転台のまま前面窓枠がアルミサッシ化されて貫通幌も取り付けられた。

　66年9月に引退し、D−16台車は鋼体化車両に使用され、モ3001は3770系モ3776へ、モ3002は3730系モ3759に転用された。車体は同月に2両とも福井鉄道に渡り、福井鉄道の手持ちの電装品を装備して南越線用のモハ151とクハ151となり、改造を重ねながら2006年まで存在した。

三河線知立付近を走行するモ3101＋ク2121の三河吉田（現・吉良吉田）行き。後方の築堤は名鉄本線。1956年5月11日

三河鉄道デ400形 ➡モ3100形 ➡ク2100形

京浜線電化開業時の電車を三河鉄道が購入して鋼体化

デ400形401は、三河鉄道が最後に増備した電動車である。鉄道省から1940年8月にモユニ2005を購入し、木南《きなみ》車輛で鋼体化した。

モユニ2005は14年12月に京浜線（現・JR京浜東北線の一部）で電車運転が始まった時の最初の車両である。新橋工場製で、登場時はデロハ6136であった。ダブルルーフの木造車で乗務員扉のない2扉車だったが、改造により3扉化、さらに荷物室用と郵便室用の扉が増設され、28年にモユニとなったときは5扉であった。38年10月まで活躍し、三河鉄道に譲渡された。

台枠を流用して製作されたため、16m級車体だが台車の中心間隔が10・66mあり、台車が両端に寄っている。車体は半鋼製の3扉ロングシート車である。乗務員扉がない三河鉄道の伝統を守りつつ、緩い曲線を描く前面とやや幅の広い窓を持つ。全室運転台で車内にステップがあり、客用扉部分のみ、裾部が少し下に下がっている。

名鉄合併後はモ3100形3101となり、三河線などで活躍した。66年に600V用AL車の制御車に改造され、台車は他車から転用されたTR-13に交換された。使用していたTR-14は850系の制御車ク2352に転用された。ク2100形2101として瀬戸線で73年まで活躍した。

知立（現・三河知立）から重原に向かう三河吉田行き。右ページの写真の後追い撮影である。1956年5月11日（A）

三河鉄道サハフ31形
➡ク2120形

三河鉄道が購入した木造客車を名鉄が制御車化

1927年1月に日本車輌で製造された筑波鉄道（87年廃止）のナハフ100形101を三河鉄道が39年に購入し、サハフ30形31とした17m級の2扉・ダブルルーフの木造車である。

三河鉄道は41年6月に名古屋鉄道と合併し、サ2120形2121と改称された。さらに51年7月に制御車化改造を受けてク2120形2121となり、乗務員扉が設けられた。1500V用HL車の制御車として三河・挙母線で運転されたが、1958年に降圧改造を受けて600V用HL車の制御車として瀬戸線に移った。入線当時は瀬戸線で最大の車両で、連結相手はモ200形やモ250形などであった。最晩年は外板に鋼板が貼られて補強され、65年まで活躍した。

台車は三河鉄道に転入当時から46年までは省型であったが、52年頃にはボールドウィンタイプに交換されている。65年に引退したク2121の台車はク2301に転用され、ク2301のブリルMCB-2Xの台車は3730系モ3751に転用された。

三河鉄道は、ク2120形を購入した翌年にも筑波鉄道から似た形のダブルルーフの客車を1両購入。付随車サハ21とされたが、すぐに電装化されてデ150形151となった。名鉄合併後にモ1090形1091となり、三河線を中心に58年まで活躍した。

トラス棒を設けた台枠形状がよく分かる写真。2両目のモ1078と比べると、ク2132は屋根と側窓の間の幕板の幅が広いのが分かる。知立付近　1958年2月19日

ク2131は、モ3002と編成を組んだこともあった。知立　1958年2月19日

三河鉄道 サハフ35·36形 ➡ク2130形

明治生まれの木造車 幕板の幅が歴史を示す

サハフ35・36形は、三河鉄道が鉄道省から1939年に譲渡された16m級の2扉木造車である。01年に製造された三等郵便合造車ホハユ3150形3186・3187をサハフ35・36形とし、付随車として使用された。名鉄合併後はサ2130形2131・2132と改称されたが、引き続き付随車として使用された。51年7月に1500V区間HL車用の制御車に改造され、ク2130形2131・2132となった。この時に乗務員扉が設けられたが、車掌側のみに設けられた。妻面は平妻で非貫通の3枚窓である。側窓は一段下降式で、その上の幕板の天地幅が広いことから、複雑な過去がしのばれる。

トラス棒を設けた台枠が全周にわたって見えるが、室内に昇降用ステップが設けられた影響で、客用扉と戸袋窓部分は、裾部の側板が延長されている。屋根は丸屋根に改造されてガーランド式の通風器を備え、台車はTR-10である。

三河線ではモ1060形やモ1070形と組んで活躍。58年に600Vに降圧改造されて各務原線に活躍の場を移したが、64年3月に各務原線が昇圧されて、ク2132が活躍を終えた。ク2131は広見・小牧線に移り、64年10月に小牧線が昇圧、65年3月に広見線も昇圧されたことでク2131も活躍を終え、台車は瀬戸線のク2321に転用された。

一直線の車体裾が当時では珍しいク2141＋モ3002。勾配標に隠れているが、トラス棒のある台枠が分かる。東知立（廃止）付近　1956年4月15日（A）

三河鉄道
サハフ41形
➡ク2140形

鉄道省から譲受した客車に刈谷工場で車体を新製

サハフ41形は、三河鉄道の主力工場だった刈谷《かりや》工場で１９４０年４月に１両が製造された付随車である。鉄道省から譲受した09年製の17m級ダブルルーフ木造客車ナユニ５３６０形を使い、車体を新造した。完成当時の写真を見ると付随車だが、完成時から乗務員扉がある。17m級車体の木造２扉車で、トラス棒を備えた台枠は元の車両の名残を残し、多くのリベットが並ぶ。前面は３枚窓の平妻で前後とも非貫通である。

客用扉は、車内側にステップがあるため、ステップのない本線系の車両に比べて裾部が下がっているが、側板より下に出ておらず、一直線にそろっている。側窓は当時最新の窓寸法を採用した二段上昇式である。木造車体の改修車が小型の一段窓のままなのに比べ、新製車体のため窓が大きくでき、車内が明るくなった。屋根は丸屋根でガーランド式通風器を備える。

名鉄合併後はサ２１４０形２１４１と形式変更され、51年７月制御車に改造されてク２１４０形２１４１となった。三河線を中心にモ３０００形などの１５００Ｖ区間のＨＬ車用制御車として64年に引退した。台車は鉄道省型ＴＲタイプを履いていたが、引退後はモ３３５０形の電装解除車ク２３４０形２３４２に転用された。ク２３４２は66年11月に北陸鉄道へ移り、石川線でクハ１７２４として90年まで活躍した。

車体更新により、丸屋根と大きな二段側窓を持つ車体になったク2071。トラス棒のある台枠も分かる。写真は神宮前駅に入線する岩倉行き普通。1958年6月16日

サ2070形➡ク2070形

19世紀生まれの骨董品客車が全面改装されて本線で活躍

戦時体制に入り、旅客輸送の増加に対応するため、鉄道省から1940年に客車を購入した。1898年に関西鉄道四日市工場で製造された車体長15・3mの木造ボギー車で、鉄道省ホユニ5070として名鉄に売却された。

入線直後の「2071」の車番が入った写真を見ると、関西鉄道時代の特徴を残している。トルペード型通風器を備えた二重屋根は、中央が一段高い彩光可能な形ではなく、博物館明治村の客車ハフ11のような通風が目的の形をしている。

車体の特徴と製造年、製造所から関西鉄道の一・二等客車ホイロ5260か5261、または二・三等客車ホロハ5765か5766と思われる。これらは両側の車端部に狭い窓が2枚並び、中央にトイレが設けられているため窓の柱が太いのが特徴である。関西鉄道で生まれ、国有化を経て郵便荷物車に改造され、名鉄で再び旅客輸送に復帰した形である。

名鉄で車体更新が行われ、2扉の付随車として登場した。台枠にはトラス棒を残し、屋根はガーランド式通風器を備えた丸屋根となり、側窓も二段式に拡大された。1942年に制御車ク2070形2071に改造され、戦中戦後の混乱期を乗り切った。戦後はモ3753と固定編成を組んで本線運用を担い、木造車ながら63年まで活躍した。

神宮前駅3番ホームに停車するク2081＋モ3752＋モ3751。真夏に撮影された写真なので、運転台を除く前面窓、固定式の戸袋窓を除く側窓すべてが全開している。1959年8月31日

ク2080形

戦後も長らく本線で活躍した16m級車体の木造車

ク2080形は全長16m・2扉の木造ボギー車で、1941年に鳴海《なるみ》工場で2両が製造された。戦時体制のもとで、工員輸送の需要の高まりに応じて造られた。鳴海工場は40年12月に鳴海車庫から改称された直後で、同工場で製造されたク2070形と同様に、製造能力の高さが伺える。

台車は工場で保有していた日本車輌製の42－84MCB－1で、木造車体は新製された。屋根はガーランド通風器を備えた丸屋根で、前面は切妻の非貫通3枚窓である。窓は側窓も含めてすべて一段下降窓で、腰板は広めである。

台枠は全周にわたり露出しており、特徴であるトラス棒も付いた、いかにも木造車らしい形である。座席数48人を備えた定員120人という輸送力は、戦時体制下で製造された木造車のうち改造を除いて最大である。

東部線用として登場し、本線を中心に64年まで活躍した。引退後の2080系の部品は3700系から始まった鋼体化車両の部品などに転用された。

なお、写真のク2081の連結相手は3750系モ3752＋モ3751で、3750系は1954年から始まった平行カルダン駆動の長期試験中である。撮影された1950年代後半、もう1両のク2082はモ917＋モ3353の編成を組んでいた。電動車はいずれもHL車である。

本線の荷物電車運用に就くモ770形772。運転室の前に「荷」の看板が掲げられている。写真は非貫通側前面。岡崎　1960年2月3日

モ770形 ➡ク2170形

竹鼻鉄道の発注車両 前面は非貫通と貫通の2種

2軸単車のみで営業していた竹鼻鉄道が初のボギー車を発注した。しかし、1943年3月に名鉄に合併され、車両が完成した時は名鉄竹鼻線となっていた。車体長16m級の半鋼製2扉車で、モ770形として2両が落成した。

日本鉄道自動車工業（現・東洋工機）製の両運転台車で、2両とも豊橋側にパンタグラフを搭載した。日本鉄道自動車工業は戦後もモ770形に似た規格型車両を製造し、銚子電鉄デハ500形や新潟交通クハ36形などがあった。

前面は前後で異なり、771は岐阜側、772は豊橋側が貫通式で、反対側は非貫通式である。600V用の電動車で登場、48年の西部線昇圧で1500V用の制御車となり、49年10月に1500V用HL車に改造された。豊橋側から771+772の2両編成を組むことが多く、豊川支線などで使用された。三河線などの支線では単行運転され、本線の荷物電車にも使われた。

66年に2両とも電装解除され、台車は3250形が履いていたボールドウィン84－27－Aと交換された。600V用ク2170形となり、揖斐線の木造車を置き換えて68年まで活躍した。

電装解除で発生した771と772の台車NSC－31は3251と3252に渡り、すぐに3780系ク2780形2789・2790の台車に転用された。

1956年に貫通化改造されたク2181。前面は台枠まで鋼板があるが、側面は台枠が露出しているのが分かる。東岡崎 1958年6月14日

ク2180形

1500V本線用のAL車制御車
降圧改造で揖斐・谷汲線へ

ク2180形は、1943年に日本自動車工業で製造された車体長17m級の2扉・半鋼製車で、前面は平妻3枚窓で連結面も非貫通であった。戦時仕様の車両らしく、前面の鋼板は台枠まであるが、側板の車体裾部は省略され、台枠が露出していた。

1500V用AL車の制御車として登場し、モ830形と編成を組んだ。モ830形は18m級だが、ク2180形は17m級のため、側窓が2枚分少なかった。56年に貫通化改造され、65年にモ830形が編成を解消して850系の中間車に転用されるまで、1500V区間で使用された。

66年に600V区間の揖斐・谷汲線HL車の制御車として降圧改造が行われた。室内に昇降用ステップが設けられ、客用扉と戸袋の側板は車体裾部まで延長された。NT-31台車は、ク2181は3780系ク2784に転用して3730系ク2761のブリルMCB-2A台車を譲受し、ク2182は同ク2785に転用して同ク2762のボールドウィン78-30A台車を譲り受けた。

転入時は揖斐・谷汲線最大の車両で、ク2181はモ766、ク2182はモ752と編成を組んだ。ク2182は73年にモ752のAL化改造の影響で引退。ク2181は78年の瀬戸線1500V化で転属してきた700系など交代して活躍を終えた。

Mc＋Tcになった増備車。落成間もないク2710＋モ3710。車体色はライトピンク＋マルーン。1958年3月31日

最初の2編成は全電動車方式を採用。同形式のモ3701＋モ3702だが、パンタグラフの位置は異なる。知立～三河八橋間　1958年3月31日

クリーム地に赤帯を巻いたク2719＋モ3719。乗客の向きから転換クロスシートなのが分かる。新一宮　1970年5月17日

3700系

木造・半鋼製HL車を鋼体化
登場時は全電動車方式を採用

3700系は、1957年9月に登場した1500V用車体更新車である。全金属製車体の2扉ロングシート車で、走行装置は木造・半鋼製車の台車や機器を転用。41両が製造され、当初はMc＋Mc（モ3700形）の全電動車だった。58年3月落成車からMc＋Tc（ク2700形）となり、後に全電動車編成の半分は制御車化された。

登場時の台車は種車のブリル製やボールドウィン製であったが、73年に7300系から発生した台車の玉突き転用により、一部の3700系がD-16に交換された。また、1980年代後半には廃車となった3880系のKS-33が一部のク2700形の台車と交換された。

前面は低運転台だが、増備中に踏切事故対策で高運転台となり、後に高運転台に改造された車両もある。室内はロングシートで登場したが、68年頃から大半の編成が転換クロスシート化された。車体色はライトピンク＋マルーンに始まり、クリーム地＋赤帯、スカーレットへと変更された。

73年に5編成が600Vに降圧され、瀬戸線へ転属。78年3月の昇圧後は再び1500V化され、扇風機の装着などを行って本線に戻された。91年までに本線の運用を終え、ク3716は築港線で96年まで活躍した。

68年から高松琴平電鉄に3700系の一部が譲渡された。

踏切事故対策として、前面は当初から高運転台を採用。客用扉は名鉄で初めての両開き1400㎜幅である。（Ni）

3730系・3770系

HL車機器転用車の第2弾 客用扉に両開きを初採用

3700系に続き、1964年からHL車の車体更新車3730系が登場した。制御用低圧電源をMGから供給し、HB車となった。しかし名鉄では制御用低圧電源を架線から抵抗で電圧降下させて供給するHL車と区別せずに、HB車もHL車と呼んだ。座席はロングシートで、乗降時間を短縮するため客用扉が初めて1400㎜幅の両開きとなった。踏切事故対策として全車が高運転台である。

66年から転換クロスシートを備えた3770系が登場。車体はほぼ同じで、Mc＋Tcの2両編成で65両が製造された。この中には3700系と3730系から1両ずつを組み合わせたモ3749＋ク2702もあった。

3730系は1969年から転換クロスシート化され、3770系との差異はなくなった。しかし、混雑緩和のため後に客用扉周辺の一部の座席が撤去された。

78年3月の瀬戸線1500V化に合わせて3776編成が地下乗り入れ用のA－A基準の不燃化対策などを施して転属した。輸送力を増強するため、その後も本線からの転属が続き、3730系は4編成、3770系は全6編成が転属した。瀬戸線ではすぐにロングシート化されて90年まで活躍し、本線に戻らなかった。

本線の3730系は81年に1編成が豊橋鉄道に譲渡され、残りは96年3月まで活躍した。

両開き2扉、2連の側窓、高運転台のパノラミックウインドウなど、近代的な意匠となった3780系。写真は瀬戸線転属後。(Ni)

3780系

通勤・観光両用車を目指したHL車の最終機器転用車

3780系は、1966年11月に登場した最後のHL車機器転用車で、2両編成10本の20両が製造された。支線運用を中心に朝夕は通勤、昼間は観光用とし、吊掛駆動車で初めて冷房装置を搭載した。座席はラッシュ対策でロングシート並みの立席面積を確保するため、客用扉前後が1人掛け固定席、ほかは2人掛けと1人掛けの転換クロスシートを備えた。

側面は5500系に似た2連窓で、客用扉は両開き2扉である。前面は高運転台でパノラミックウインドウを備え、前照灯はシールドビームを配置した。

車体色は当初ライトパープルが採用されたが、視認性の問題でストロークリーム+赤帯に変更され、最後はスカーレット化された。

台車はモ3781～3785が新設計の軽量コイルバネ台車FS-35を採用し、モ3786～3790はモ3300形、モ3350形から転用したD-16を履いた。

ク2780形はD-16、NT-31、NSC-31などをモ3300形、モ3350形などから集めたが、81年からは3880系のKS-33形台車に交換された。

78年3月の瀬戸線1500V昇圧に合わせて全車が転属。難燃化や先頭部の幌取り付けなどが行われ、83年から全車ロングシート化された。瀬戸線では初の冷房車として重宝され、96年8月まで最後のHL車として活躍した。

名鉄への入線は1975年と新しいが、1927年に新造された長寿車、3790系。パンタ設置箇所の屋根が一段低いのが分かる。前照灯はシールドビーム2灯に改造されている。（A）

3790系

東濃鉄道駄知線から転属してきた築港線専用車

廃止となった東濃《とうのう》鉄道駄知《だち》線から1975年5月に2両の電車が名鉄入りした。東濃鉄道モハ112形とクハ212形で、3扉ロングシートのHL車である。

元は1927〜28年に川崎造船所で製造された17m級の全鋼製車で、旧西武鉄道（後に武蔵野鉄道と合併→西武農業鉄道→現・西武鉄道）に納入された。

66年10月にクモハ152とクハ1151が東濃鉄道に譲渡されてモハ112とクハ212となったが、同線には狭小トンネルがあるため、入線前に西武所沢車両工場でパンタグラフの移設や低屋根化などの改造が行われた。

駄知線の主力車両だったが、72年7月の水害で廃線となり、75年に名鉄が購入。鳴海工場で車体色の変更や連結器などの改造が行われ、3790系となった。

築港線は当時、ク2815（モ3816の電装解除車）+モ3818+ク2816の3両編成が使用されていたが、3790系の転入により、モ3818+ク2816を本線の輸送力増強用に復帰させることとなった。1両だけ残るク2815は、3790系に合わせて幌などを改造。モ3891+ク2815+ク2891の3両編成が組まれ、築港線専用車として85年3月まで活躍した。79年頃に3790系の前照灯がシールドビーム化されたが、中間のク2815は最後まで1灯であった。

COLUMN 03

木造車体ク2141のディテール

1959年当時のク2141の後部と車内がわかる写真があったのでご紹介する。

開いた運転台寄りの客用扉から、扉の内側に客室内の小さなステップが見える。ステップが内部にあるため、客用扉の裾部は、側板と同じ高さである。

側窓と前面窓は上昇式の二段窓で、開閉しない戸袋部分は上下の窓に段差がない。乗務員扉の横も段差のない一段固定窓で、乗務員扉は引き戸である。

前面窓は向かって右側だけ1枚窓で、小さなワイパーが付く。

連結面は非貫通の切妻で、上昇式の二段窓が3枚並ぶ。雨樋は前後の妻面とも一直線で、台枠はリベット組み立てで、木造車体のたわみを締め直すためのトラス棒もある。台車は国鉄で多く使われたTR-10。

運転室内部。運転台前面の窓に高さを調整するツマミがあり、開閉可能。機器類は主幹制御器と圧力計、ブレーキ装置程度で速度計はない。速度は運転手の感覚に委ねられていた。

車内はロングシート。運転室は全室運転台のようだが、中央に仕切り扉はなく、バーで仕切っているようである。日除けのヨロイ戸は、客室は幕板に収納され、下げて使用する。運転台と客室の間の仕切り板にある遮光板は、上げて使用するタイプである。

写真はいずれも鳴海工場で1959年6月24日撮影。

Chapter 5

引退したディーゼルカー・ガソリンカー

名鉄の気動車で有名なのは、国鉄・JR高山本線に直通する特急「北アルプス」用のキハ8000系、後継のキハ8500系である。また、1980年代には閑散線区にレールバスが導入された。名鉄が発足した頃は、前身の会社が保有していた気動車を承継。多くは1950年前後に電車付随車に改造され、1970年代まで電車として活躍をした。

キハ8000系準急「たかやま」。電照式の愛称表示器や7000系似の連続窓以上に、冷房は国鉄では破格だった。登場後3カ月のきれいな姿。美濃太田付近　1965年11月21日（Ta）

キハ8000系

高山地区の観光をきっかけに富山まで活動範囲を広げる

名鉄線から高山本線への直通運転は名岐鉄道時代の1932年10月に始まった長い歴史があるが、太平洋戦争中に中止された。

65年に乗り入れ復活用の車両としてキハ8000系が登場した。当時は国鉄のすべての急行に冷房はなかったが、準急用ながら全車冷房付きであった。19m車で運転台や走行機器は台車も含めて国鉄キハ58系に準じ、側面はパノラマカー同様の連続窓を備えていた。室内は1等車（現・グリーン車）が回転リクライニングシート、2等車（現・普通車）が転換クロスシートを備え、名鉄で初採用となるタンク式のトイレも装備された。エンジンの数や座席の違いにより4形式が造られ、翌66年に鉄道友の会ブルーリボン賞を受賞した。

準急「たかやま」として65年8月5日に神宮前～高山間で運転を開始し、翌年3月に急行に格上げ。さらに同年12月には飛騨古川まで延長された。また、車両の有効活用として同月末から新名古屋～豊橋間で座席確保の有料特急が朝1往復運転を開始した。これは通勤利用者に好評で、後に夕方にも運転された。

67年7月15日～8月26日の毎週土曜日には国鉄にキハ8000系が貸し出され、名鉄線を通らない名古屋発高山行きの夜行臨時急行「りんどう」が運転された。運用の都合で下りのみの運転で、上りは回送で運転された。

特急「北アルプス」に格上げされてからのキハ8000系。犬山橋の併用軌道も走行した。(S-i)

特急「北アルプス」になった当初のヘッドマークは、文字マークだった。(S-i)

高山本線を走るキハ8000系。特急になってからは、キハ82系に準じた塗装になった。(PX)

立山直通10周年を記念し、1980年7月15日からイラスト入りヘッドマークになった。(S-i)

69年5月に1等車がグリーン車に改められたが、同年8月に「たかやま」のグリーン車が廃止された。これにより「キロ」は座席の交換などの格下げ改造が行われた。

70年7月に急行「北アルプス」と改称し、毎年4～11月は富山から富山地方鉄道に乗り入れて立山《たてやま》まで延長運転が行われた。富山地方鉄道線内では、間合い運用で立山～宇奈月《うなづき》温泉間を結ぶ「アルペン特急」にも使用された。この延長運転に合わせて、前年の69年9月にキハ8000形と新形式のキハ8200形が増備された。キハ8200形は勾配区間用に走行エンジン2基とし、キハ65形用に開発された冷房電源用の発電機を搭載した車両である。そのため車体長は20mに拡大され、以降は地鉄乗り入れ運用の主力車両として活躍した。

間合い運用の新鵜沼行き特急169Dは、鵜飼いシーズンは「犬山うかい号」として専用ヘッドマークを付けた。(S-i)

76年10月に特急「北アルプス」に格上げされ、運転台の窓下にキハ82系に似た羽根が描かれるなど、塗色が変更された。しかし、84年7月から飛騨古川以遠の季節運転がなくなり、再び神宮前～飛騨古川間の運転となった。85年3月14日から再び富山まで運転区間が延長されたが、90年3月10日からは高山止まりとなった。

その間に車両に余裕ができたため、86年から88年にかけて活躍を終える車両が出始めた。最後はキハ8200形5両が残り、91年3月にキハ8500系に交代するまで活躍した。

JR東海のキハ85系（奥）と併結運転をするキハ8500系の特急「北アルプス」。性能はキハ85系に準ずるが、独自性のあるデザインだった。（Ts）

キハ8500系

高性能エンジンを生かして所要時間の短縮を実現

キハ8000系の代替車として、1991年にJR東海キハ85系並みの性能を持つキハ8500系が登場した。貫通扉付き片運転台車キハ8500形4両と中間車キハ8550形1両が造られた。キハ85系との併結運転を考慮して、走行性能と運転取扱い上の操作機器は同じとなっており、繁忙期は臨時特急「ひだ」と美濃太田〜高山間で併結運転が行われた。

車体は鋼製で名鉄独自の設計となっている。側窓形状やトイレ・洗面所・車内案内表示装置などは1000系「パノラマSuper」と同じである。床面はキハ85系より75㎜高いため、キハ8501とキハ8502の運転台通路の一部に段差を設け、キハ85系と連結運転をする際は段差を解消する脱着式スロープを取り付けた。また、特急車にふさわしい座席や快適な室内のための工夫が施されている。空気バネ台車を履き、座席はシート間隔が1000㎜の回転リクライニングシートを配置。床は二重構造として側窓は複層ガラス、客室はデッキ式としてエンジン騒音の侵入を防いでいる。

カミンズ社製のエンジンを1両あたり2基搭載して電車並みの高加速を実現し、所要時間は新名古屋〜高山間で最大29分短縮された。名鉄線内では朝と夜に全車指定席特急としても活躍したが、2001年に列車の運転が終了し、車両は会津鉄道に譲渡された。

LEカーキハ10形を改良したキハ20形。写真は三河線の山線、猿投～西中金間で使用中の姿。海線（碧南～吉良吉田間）でも使用された。（Ko）

キハ 10·20·30形

閑散線区の切り札として導入されたレールバス

名鉄の営業地域は他の大手私鉄に比べてマイカーの保有率が高く、過疎地域も多いために閑散線区が多い。そこで、これらの線区の輸送コストを下げるために1980年代から検討されたのが、電車の運転をやめて気動車化することであった。

気動車は富士重工業で開発されたLe-Carというレールバスで、バス用部品を多用して製造コストやランニングコストを下げた車両である。レールバスは、かつて国鉄が1954年にキハ01形などを投入したことがあるが、当時の車両よりも車体長は長く、車高も高い。また、台車は空気バネとなり、乗り心地も改善されている。第三セクターの樽見《たるみ》・北条・三木の各鉄道が採用し、大手私鉄は名鉄だけが導入した。

名鉄では、1軸台車で車体長が12mのキハ10形（非冷房車）が84年に登場。増備車から冷房車となり、三河線の猿投～西中金間と八百津《やおつ》線で使用された。87年には車体長を15m、2軸ボギー台車としたキハ20形が三河線に登場。90年から三河線の碧南～吉良吉田間でも気動車が導入され、キハ20形が増備された。さらに95年にはキハ10形の置き換え用として16m車体のキハ30形が登場した。

しかし、使用していた線区は2004年までにすべて廃止され、Le-Carはミャンマーに活躍の場所を移した。

戦後の1947年に付随車化されたク2069とモ1021の2両編成。西幡豆～東幡豆　1959年7月4日

瀬戸線を走るク2062。この車両は初期車で屋上のベンチレータは4個。1955年7月26日（A）

名岐キボ50形➡サ2060形

同一形式で戦前の私鉄最多のガソリンカーを保有

初代名古屋鉄道が城北電気鉄道と尾北《びほく》鉄道の事業を引き継ぎ、名岐鉄道発足後の1931年2月に上飯田～新小牧（現・小牧）間と、勝川《かちがわ》線味鋺《あじま》～新勝川間（廃止）が非電化で開業した。同年4月に新小牧～犬山間が非電化で開業し、ガソリンカーのキボ50形51～60が投入された。日本車輌製で車体長が10m、手荷物置き場付きの半鋼製ボギー車で、機関は出力57HPの米国ブダ社製DW－6型を搭載。製造年月はキボ51のみが30年8月で、他は31年1月以降のため、試験が行われていたと思われる。

42年7月、上飯田～新小牧間の電化でキボ50形51～56は電車の付随車に改造されてサ2060形2061～2066となったが、台車は日車BB－75のままで三河線・東部線・瀬戸線に移った。残った4両は同年にキハ100形101～104と改称され、47年11月、新小牧～犬山間の電化で電車付随車化されてサ2060形2067～2070となった。なお、44年当時はキハ102、104の機関は米国ウォーケシャ社製6－SRL型に換装されていた。

53年までに多くが600V用制御車ク2060形となり西尾・蒲郡線、瀬戸線で、付随車は築港線で使用された。61年に瀬戸線のク2061・2062が運転を終え、ほかは付随車化されて築港線で67年まで営業運転に就いた。引退後は2両が福井鉄道に譲渡された。

豊橋鉄道渥美線に移籍後のサ2283。やや分かりにくいが、車体側面に3カ所ある客用扉は、前後と中央で高さが異なる。（A）

三河鉄道キ10形
➡サ2280形

客用扉を工夫し高さの違うホームに対応

1927年4月に岡崎電気軌道を合併した三河鉄道は、29年12月に上挙母～三河岩脇間を岡崎線（後の挙母線）として開業し、岡崎線（後の岡崎市内線）と接続した。しかし大樹寺《だいじゅじ》を境に電圧が異なるため乗り換えが必要であった。さらに30年12月から鉄道省のバス路線が岡崎～多治見間に開業したため、対抗策として通し運転ができる車両が必要であった。

そこで、異なる電圧の路線を直通し、路面区間と電車区間の高さが異なるホームを乗降できる車両として、34年7月にガソリンカーのキ10形11～13が登場した。日本車輌製の10m級車体の半鋼製3扉ボギー車。両端の客用扉は路面乗降用に裾部が下げられ、中央にホーム乗降用の客用扉を設ける。車体幅は併用軌道区間用で狭いため、中央扉とホームとの間には、扉の開閉と連動する折り畳み式踏板が設けられた。前面は折り畳み式の救助網が設けられ、併用軌道区間で使用していた。京阪電鉄の「びわこ号」と同じ仕組みである。

名鉄合併後の41年にキハ150形151～153と改称され、当時非電化であった蒲郡線に移った。戦時中の42年に木炭ガス発生装置を搭載して代燃車となり、戦後は電車付随車化されてサ2280形2281～2283となった。47年に渥美線に転属。54年10月に渥美線が豊橋鉄道となり、制御車化されて71年まで活躍した。

手前側よりも奥側の台車の方が軸距が長いのが走行写真からも分かる。ク2291＋モ203。　三河鳥羽　1958年6月10日

竹鼻線の不破一色駅に停車するク2291＋モ1021。1959年11月1日

三河鉄道キ50形 ➡ク2290形

特徴的な偏心台車は エンジン撤去後に付随台車化

蒲郡線の前身の三河鉄道は、三河鳥羽まで電化開業した後、1936年11月に蒲郡まで非電化で開業した。三河鹿島まで部分開業した同年7月に投入されたガソリンカーがキ50形51・52である。同年6月に日本車輌で製造された12m級車体の半鋼製2扉クロスシート車で、動力車側の車内に手荷物室がある。

特徴は、動力車側の偏心台車である。これは、台車の片側の車軸に重量を多く負担させ、粘着性能を高める構造である。キ50形の付随台車は軸距（ホイールベース）が1500㎜で、ボルスタは中央にある。一方、動力台車の軸距は1900㎜で、ボルスタから車軸までの距離が750㎜、1150㎜と偏心している。前後の台車で軸距が異なるため、独特のジョイント音がした。

名鉄発足後の41年にキ200形201・202となり、43年頃には木炭ガス発生装置を積んだ代燃車となった。また、翌44年頃にキハ202の所属が大曽根《おおぞね》とされている車両諸元表もある。

戦後は付随車化されサ2290形2291・2292と改称。53年に600V用制御車に改造され、付随台車側に運転台が設置されてク2290形2291・2292となった。西尾・蒲郡線や竹鼻線で63年まで運用に就いた。以降は北恵那鉄道に移り、78年9月の廃止まで活躍した。

名古屋城の外堀にあった瀬戸線大津町駅に停車するク2202＋モ251。1958年7月18日

1950年代の瀬戸線を走る姿。座席はクロスシート。窓には縦桟が入り、ガラスが不足していた時代だとわかる。1956年3月13日（A）

瀬戸電鉄キハ300形 ➡ク2200形

急行運転に備えて導入した瀬戸電気鉄道最後の新車

電気鉄道でありながら、変電所を増設せずに急行運転を行うために東京横浜電鉄（現・東急電鉄）が気動車のキハ1形を導入したように、瀬戸電気鉄道が急行運転用に導入したガソリンカーがキハ300形301・302である。瀬戸電が最後に導入した新車で、1936年4月に日本車輌で2両が製造された。

14m級車体、前面2枚窓の半鋼製クロスシート2扉車である。当時は路面で乗降し、2段ステップで客室に出入りしたため、客用扉の下辺は低い位置にあった。女性車掌を乗務させて、看板列車として急行運転に使用された。

ところが戦争による物資統制の影響で、名鉄と合併後の39年に運転を終了した。41年3月にエンジンが降ろされて電車付随車のサ2200形2201・2202となった。44年に発行された車両諸元表では2両とも三河線所属となっている。

50年7月に600V用制御車に改造されク2200系2201・2202となり、瀬戸線で64年まで活躍した。台車は制御車化された後も気動車時代の日車BB-75を履いていたが、晩年のク2201は台車が交換されている。

名鉄を引退した後は、福井鉄道に移ってクハ141・142となり、モ700系改造のモハ141・142と組んで79年まで活躍した。

豊橋鉄道に転籍後の、サ2241。小さな車体に3枚の側扉があり、奥の荷物室だけ幅が広いのが分かる。1950年代撮影（A）

佐久鉄道キホハニ53 ➡鉄道省キハニ40703 ➡サ2241

鉄道省から購入した元ガソリンカーの合造車

戦時輸送力の増強用として、名鉄が1943年9月に鉄道省から購入した元ガソリンカーで、電車付随車のサ2240形2241として瀬戸線で使用された。

この車両は、30年10月に日本車輌で製造された元・佐久鉄道のキホハニ53で、11m車体の半鋼製気動車である。佐久鉄道は15年8月に現在のJR小海線の一部である小諸～中込《なかごみ》間を開業。34年9月に小諸～小海間が買収・国有化された鉄道である。

キホハニ53は経費節減のため、30年12月から運用されたガソリンカーで、国有化後は鉄道省キハニ40602→40703となり、名鉄に売却された。

キホハニ53は荷物室を備え、名鉄移籍後も名残があった。写真の奥側の扉は元荷物室扉で、手前2枚の客用扉よりも幅が広いのがわかる。また、合造車のため窓配置が不規則になっている。

サ2241は48年1月、急行として運転中に瀬戸線で脱線転覆事故が起こり大破した。しかし物資不足の時代のため修理されて復帰した。49年5月に渥美線に転属、54年10月に豊橋鉄道へ転籍後は制御車化された。59年に2扉化され、69年5月まで活躍した。

なお、6両製造された同型車のうち、同じ56年10月製のキホハニ56は最終的に別府《べふ》鉄道キハ3となり、現在は長野県佐久市の成知公園で保存されている。

Chapter 6

引退した名鉄電車

600V鉄道線 編

旧愛知電気鉄道の西尾・蒲郡線などや旧名岐鉄道の路線は600Vだったため、名鉄が承継した車両には600V車が多かった。合併後は路線が順次1500Vに昇圧され、600V車は昇圧改造や電装解除されたり、残った600V区間に転属した。来歴を見ると、1940年代に焼失した車両が意外とあるが、戦後の物資不足の時代を反映して多くが再生されている。

晩年のモ85形。中央に縦桟が入っているが、広い側窓は貴賓車の名残。西尾 1958年6月10日

南安城と国鉄安城駅とを結んだ安城支線の看板を掲げるモ85形。 南安城駅 1960年2月28日

名古屋電気鉄道 トク2 ➡モ85形

大きく広い窓に名残を残す 二代目の貴賓車

名古屋電気鉄道では、1912年1月に貴賓車トク2（S.C.No.2）を名古屋電車製作所で製造した。全長10m級のダブルルーフの木造単車で、運転台はオープンデッキ。前照灯は幕板に備えた。側窓は広い窓が5枚あり、上に飾り窓がある。集電はトロリーポール1本で行っていた。台車はマウンテンギブソン社製で、軸距離の長いラジアル台車を装備した。18年頃に、第1次世界大戦で捕虜となったドイツ兵の協力で名古屋電気鉄道の那古野《なごの》工場で空制化工事を行った。

26年10月に後継の貴賓車トク3（S.C.No.3）（102ページ）が登場し、トク2は28年に一般車のデシ550形551に改造された。ネジ式連結器とパンタグラフを備えて40年まで運転され、いったん引退した。

しかし戦争による物資不足になり、42年11月に新川工場で客用扉が設置されてモ40形41として復活。当時、岡崎線となっていた岡崎新～西尾間で運行され、戦後は豊川線などで運転された。49年の改番でモ85形85となり、晩年は西尾線安城支線南安城～安城間で旅客輸送のほかに貨車も牽引し、昇圧される60年3月まで活躍した。

晩年の写真にも、貴賓車の名残である広い窓が写る。パンタグラフは小型化されて高い台の上に設置され、前照灯は屋根上に移設された。

車体の焼失で丸屋根の木造・2扉車体を新造したモ353＋ク1012。南宿　1959年11月1日

デホ301を電装解除したク2273とモ603の瀬戸行き準急。喜多山付近　1958年7月18日

被災した車両に木造ダブルルーフの車体を新製したモ355＋ク1013。　笠松　1959年11月1日

名古屋電気鉄道 1500形 ➡ク2270形

名古屋電気鉄道が郡部線に初めて導入したボギー車

名古屋電気鉄道は、郡部線の輸送力増強と高速化のため、1500形1501~1510の10両を1920年2月に導入。名古屋電車製作所製の14m級・木造ダブルルーフの2扉車で、初のボギー車であった。連結して総括制御ができる間接制御車で、非常弁付き直通空気ブレーキを備えた。ところが同年6月に那古野車庫の火災で7両が焼失。被災を免れた1507~1509は、25年にデホ300形301~303と改称された。33年12月、デホ302・303は荷重2トンの郵便車デホユ310形311・312に、デホ301は同3トンのデホユ320形321に改造。名鉄発足後の41年にモユ310形、モユ320形と改称。48年7月に電装解除されてク2270形2271~2273となり、62年8月に引退した。

被災した1501~1506、1510は、21年2月に名古屋電車製作所で木造ダブルルーフの3扉車となり、25年にデホ350形351~357と改称、41年にモ350形351~356となった。デホ357は後に荷重3トンの郵便車デホユ320形322、48年にク2270形2274となった。

モ350形は竹鼻線で62年8月まで活躍。モ353は43年に再度焼失し、翌44年に新川工場で木造丸屋根の2扉車となった。63年3月に鋼板を車体に張られて北恵那鉄道でモ320となった。

1500形1519～1525では、通風器がガーランド形に変更された。ク2262と客用扉の形状が異なる。写真は瀬戸線のモ601。1954年4月21日

事故で損傷したモ603だが、丸屋根で復旧した。モ603＋ク2273。喜多山　1958年7月18日

元モ402のク2262＋モ652の上飯田行き。電装解除されたが、屋根はダブルルーフのままである。通風器はトルペード形。楽田　1959年5月15日（A）

初代名鉄1500形 ➡モ400形・ク2260形・モ600形

後の名鉄の主力となった 自動加速制御方式を初採用

名古屋電気鉄道が投入した１５００形は、初代名古屋鉄道により増備が継続された。１９２３年８月に登場した１５００形１５１１～１５１８は木造ダブルルーフの３扉車で、電装品にデッカーの自動加速制御方式を採用。客用扉は両開きだったが、後に片開きに改造されて運転台横に小窓を設けた。

25年にデホ４００形４０１～４０７と改称。１５１８は貸切用に車内を３分割できる構造のため、別形式のデホ４５０形４５１となった。28年にデホ４０５が焼失したが、デホ６５０形６６６として復旧。欠番はデホ４５１が2代目４０５として改番された。

41年にモ４００形４０１～４０７となり、48年の西部線昇圧で電装解除されてク２２６０形２２６１～２２６７となった。その後、ク２２６３は焼損するが丸屋根で復旧し、各務原・小牧・瀬戸線で65年10月まで活躍した。

25年11月に製造された１５１９～１５２５は、１５００形の最終増備車。通風器が変更され、台車は国産の住友ＳＴ－２を採用。客用扉の上縁が緩い弧を描き、運転台横に小窓がある。客用扉は両開きから片開きに改造された。

41年にモ６０１～６０７と改称。モ６０２～６０４は戦災や事故で損傷したが、丸屋根で復旧した。63年6月に鋼板で車体が補強されて小牧・瀬戸線で66年3月に引退。部品はモ９００形に転用された。

電装解除をされずに電動車のまま活躍を続けたモ652＋ク2262の上飯田行き。楽田　1959年5月15日

焼損したデホ405を復旧したデホ666に、車体を新製したモ671。丸屋根に変更され各務原線を走る。1956年2月22日（A）

モ662を電装解除したク2232＋モ252。喜多山車庫　1958年7月18日

デホ650形 ➡モ650形 ・ク2230形・モ670形

流転の制御車ク2230形と 2度焼損するも復活したモ671

デホ650形は、1927年4月と28年4月にデホ650形651～665の15両が製造された。車体はデホ600形とほぼ同じで、台車が住友ST－2からST－27に変更された。

41年にモ650形651～665となり、うちモ658～モ665が42年10月に電装解除でク2230形2231～2238となった。さらに48年5月の西部線昇圧で運転台を撤去して1500V用付随車サ2230形2231～2238となった。直後にサ2234が焼損、丸屋根で復旧した。54年12月までに600V用制御車に戻り、小牧・瀬戸線で使用。ク2238のみは1500V用のまま三河線で使用された。

付随車化時にサ2239が誕生。41年7月にク2230形と同じST－27台車に新川工場製の新製車体を載せたク2100形2101を改番したものである。1500V用制御車ク2239となり、三河線で65年まで使用された。

一方、モ650形は小牧線で同年8月まで活躍し、ク2230形と共に台車は鋼体化車両ク2700形やク2730形に転用された。

デホ666は、デホ405の焼損復旧車（右ページ参照）だが、35年6月に再び焼損。39年12月に新川工場で車体を新製して丸屋根のモ670形671として復旧した。各務原・小牧・広見線が昇圧される65年3月まで活躍した。

豊橋鉄道の渥美線となってからのモ681。ビューゲル変更後で、台車の中心距離拡大工事前の姿。車体色の塗分けは幕板部分までクリーム色である。1956年頃（A）

初代名鉄トク3 ➡ モ680形

お召列車にも使われた元貴賓車 豊橋鉄道の主力で活躍

1926年10月に名古屋電車製作所で貴賓車S.C.No.3が製造された。S.C.とはState Carriage（儀装馬車）の略称で、儀式用車両という意味である。27年11月にお召列車で使用され、41年3月に除籍されたが、戦時中は貴賓車仕様のまま新川車庫に保管されていた。

47年に日本車輌で3扉の一般車に改造され、モ681となった。600V用の直接制御車で、台車はク2271から転用されたブリルMCB-1である。

資料では48年1月製造とあるが、47年末には尾西線の新一宮〜奥町《おくちょう》間（44年3月から奥町〜木曽川港間は営業休止）で使用されていたようである。

西部線の昇圧に伴い、48年5月には当時の渥美線に移った。集電装置は尾西線ではビューゲルだったが、渥美線ではトロリーポールに変更された。51年頃には名鉄式Y字形ビューゲルとなり、50年代後半にはビューゲル化と変更を繰り返している。

54年10月、豊橋鉄道渥美線の発足に合わせて転籍し、この頃にク2241と固定編成を組んだ。59年4月に乗り心地の改善のために台車の中心距離を拡大する工事が行われ、台車が車端部寄りに移設された。

69年5月まで活躍したが、直前に改番されたモ1311で動くことはなかった。

小牧線の間内駅に停車する犬山行きのモ701。1959年5月15日

初代名鉄 デセホ700形 ➡モ700形

お召列車の牽引役を務めた初代名鉄初の半鋼製車

デセホ700形701〜710は、初代名古屋鉄道に初めて登場した半鋼製のAL車で、1927年4月と11月に5両ずつ製造された。台車は前者が日車ボールドウィン型、後者が住友ST‐27。丸屋根の15m級、リベットが目立つ車体は、客用扉間の窓がモ650形の5枚から6枚となった。登場時は中央にパンタグラフを、前後にトロリーポールを装備し、押切町から柳橋まで市電線も走行した。

27年11月にデセホ706とデセホ707は、中間にトク3を挟んでお召列車に使用された。現在のところ名鉄では唯一のお召列車である。名鉄発足後の41年にモ700形701〜710と改称。終戦直後はモ708とモ709がマルーン塗装に白帯と黄色の円板を付け、進駐軍専用車となった。

西部線の主力として活躍したが、48年5月の1500V昇圧により各務原・小牧線などの600V区間に転属。62年、モ702〜704が瀬戸線に移り、64年にモ701とモ705が福井鉄道へ、同年にモ707〜710が北陸鉄道に移籍した。64年2月には新川工場の火災によりモ706が焼失した。

瀬戸線では蛍光灯化や片運転台化されたが、1500V昇圧により78年までに全車が揖斐・谷汲線に移った。自動扉化やシールドビーム化、客用扉のプレス扉化など改良が加えられ、ク2320形と組み98年4月まで活躍した。

犬山駅に停車する、上飯田行きの小牧線電車。揖斐・谷汲線での晩年の姿が記憶に残る読者も多いだろう。1959年5月15日

初代名鉄 デセホ750形 ➡モ750形

揖斐・谷汲線の廃止まで運行 最長で83年間も活躍

デセホ700形（103ページ）が登場した翌年の1928年3月と29年9月にデセホ750形751〜760が登場した。デセホ700形とほぼ同じ車体のAL車で、台車が住友ST-56に変更された。最後の2両は登場時、名鉄初の自動扉を装備していた。デセホ758も後に自動扉が装備されたが、44年3月に撤去された。

デセホ755・756は下呂《げろ》直通列車に使用された。車内は半分が畳敷きとされ、国鉄高山線内は蒸気機関車に牽引された。32年10月から土日祝日に柳橋〜下呂間で運転されたが、33年から直通列車はデホ250形に役目を譲った。

押切町〜柳橋の路面区間を走行した最後の形式となり、初代名鉄が発注した最後の車両となった。

名鉄発足後の41年にモ750形751〜760となり、戦後は西部線の1500V化により小牧・広見線の600V区間に移った。64年2月の新川工場火災でモ760が焼失。65年5月までに全車が瀬戸線に移った。翌年から揖斐・谷汲線に移り、モ752はHL化されたが78年に再びAL化された。

87年までに自動扉化、シールドビーム化、窓サッシ化、ワンマン化などの近代化が行われた。インバータ制御装置を搭載した後継車両も登場したが、路線の電圧降下に対応できないため交代できず、2001年9月の揖斐・谷汲線の営業終了まで活躍を続けた。

荷物室が撤去されて旅客車となったモ302。写真奥側の客用扉の右が楕円窓。竹鼻車庫　1959年11月1日

東美鉄道デボ100形 ➡モ300形 ➡ク2190形

東美鉄道発注の半鋼製電車は楕円窓が特徴

現在の東濃《とうのう》鉄道（バス会社）とは異なる旧東濃鉄道が、１９２０年８月までに国鉄中央本線多治見駅に隣接する新多治見～広見（新《しん》可児《かに》付近）～御嵩《みたけ》（現・御嵩口）間を７６２㎜軌間で開業した。26年９月に一部区間が太多線として国有化され、残った広見～御嵩間を東美《とうみ》鉄道が譲り受けた。

東美鉄道は旧東濃鉄道・名鉄・大同電力が共同出資した会社で、28年10月に同区間の改軌と電化を行った。30年10月までに伏見口（現・明智）～八百津間が開通し、同年12月に増備車として登場したのがデボ１００形１０１・１０２である。半鋼製13ｍ級車体の直接制御車で、直通ブレーキを備えた。パンタグラフ側の乗務員室後方には楕円《だえん》窓があり、荷重１トンの荷物室が設けられた。

43年３月に名鉄と統合し、モニ３００形３０１・３０２に。51年には荷物室が撤去されてモ３００形３０１・３０２となり竹鼻線で運転された。60年５月の電装解除時に、旧荷物室側の運転機器類が撤去されて制御車のク２１９０形２１９１・２１９２となった。各務原線で使われたが、ク２１９２は64年の新川工場火災で焼失した。

ク２１９１は64年に瀬戸線に移り、67年に蛍光灯化。６００Ｖ用ＡＬ車の制御車としてモ７５１と編成を組んだ。小型車ながら特急運用にも入り、３７００系と交代する73年まで活躍した。

平坂線は、西尾鉄道が平坂線として開業し、1935年に名鉄平坂線、48年に平坂支線となった路線。単行のモ461が行く。背後の高架は三河線。羽塚〜平坂口間　1960年2月28日

西尾駅を出発するモ461。西尾〜港前間の平坂支線を往復していた。1958年6月10日

岡崎電気軌道 200形 ➡モ460形・サ2110形

岡崎電気軌道最後の新造車は鉄道線区間用のボギー車

岡崎電気軌道が1924年12月に大樹寺〜三河岩脇〜門立《もだち》間の鉄道区間を電化開業する際に、200形201・202を用意した。同年10月に日本車輛で製造された木造丸屋根のボギー車で、12m級車体の2扉車で定員は70人。前面は5枚窓、側窓は三連・二連・二連・三連の一段下降窓が並ぶ。

ボールドウィン型に似た日車D形台車を履き、主電動機は72HPを4基搭載。木造車のためトラス棒を備え、側板の裾部には台枠が出ている。600V用のHL車で、岡崎電気軌道へ最後に納車された車両となった。

27年4月に三河鉄道となり、29年12月に三河岩脇〜上挙母《かみころも》間が1500V区間として開業するのに合わせて大樹寺〜三河岩脇も1500V化された。2両は昇圧改造されずに600V区間の岡崎市内線に移り、救助網や乗降用ステップが付けられた。201は38年に電装解除されてサハ45となった。

名鉄発足後の41年に、元201はサ2110形2111、202はモ460形461となった。サ2111は1500V区間の築港線に移り、晩年は近江《おうみ》鉄道から来たリンケホフマンの台車を履き、電気機関車に牽引されて60年頃まで運行された。一方、モ461は西尾・蒲郡線で運行された後、晩年は平坂支線の専用車として同支線が西尾線の昇圧に合わせて営業を終了する60年3月まで活躍した。

木造電車のモ551とク2201。瀬戸電で運行されていた頃で、ステップは短縮され、集電装置はY型ビューゲル。　喜多山車庫　1958年7月18日

半鋼製車体の電車となった元・ホ103形のモ564。車体全体は上のホ101形に似ているが窓は天地方向に拡大されて明るくなった。　大曽根～矢田間　1958年7月18日

瀬戸電鉄ホ101形➡モ550形 ホ103形➡モ760形

瀬戸電最後の木造車と半鋼製の最後の新造車

1925年2月に瀬戸電初のボギー車ホ101形101・102が登場した。瀬戸電最後の木造車で、登場時はホームが低床のため、3扉にはステップが設けられて裾部が下がっていた。集電は前後にトロリーポールを備えた。名鉄発足後の41年にモ550形551・552と改称された。

戦後、集電装置がY形ビューゲルに交換され、ホームかさ上げ後の49年に裾部が切断されてステップを短縮した。60年2月に電装解除されてク2240形2241・2242となり、4月に揖斐・谷汲線に転属。車体に鋼板を張って補強され、65年8月まで活躍した。

また、26年5月には瀬戸電初の半鋼製車がホ103形103～112として登場。瀬戸電最後の新造電車となった。ホ101形を半鋼製化したような形で、前面窓や側窓は二段窓化された。最初の6両はリベット溶接だが、後半4両は電気溶接で外板に違いがある。

41年にモ560形561～570と改称され、ステップの工事や集電装置の交換などを実施。60年に集電装置がパンタグラフに交換され、主電動機が65HP×4となった。62年6月にモ566～570が揖斐・谷汲線に転属。64年7月にモ561～564が喜多山工場で塗装変更のうえ北恵那鉄道へ、モ565は同年に揖斐・谷汲線へ移った。67年にモ760形に改称されて78年10月まで活躍した。

西尾線を行くモ203＋ク2292。前面窓の上部にRが付いている。上横須賀〜鎌谷間　1960年2月28日

下呂直通車に改造されたモ250形。写真のモ252は、改造で設置された貫通扉が残っている。1956年1月32日(A)

尾西鉄道デホ200形➡モ200形・ク2050形・モ250形

名岐鉄道時代に2代目の下呂直通車として運用

デホ200形201〜207は1923年11月に尾西鉄道弥富《やとみ》〜木曽川港間の全線電化完成に合わせて登場した車両である。パンタグラフを備えた丸屋根の木造3扉車で、15m級車体のHL車である。前面は3枚窓でそれぞれ上部の両隅にRが付き、戦後も多くが残っていた。側面は客用扉間に2枚1組の一段下降窓が3組ずつ配置され、側窓上部には飾り窓があったが戦時中に埋められた。

合併後の名岐鉄道時代、33年7月からデホ201・202がデホ250形251・252に改造され、週末などに柳橋〜下呂間を結ぶ直通車となった。前任のデセホ750形から引き継ぎ、中央扉から半室は畳敷きとなった。中央運転台は片隅に寄せられて貫通扉が設けられ、車掌側にトイレが設置された。また、柳橋〜押切町間の路面区間走行用にパンタグラフが中央に移設され、前後にトロリーポールが設置された。直通運転終了後は敷き畳とトイレが撤去されたが、形式名は戻されなかった。

名鉄発足後は41年にモ200形201〜205、モ250形251・252となった。56年頃はモ201とモ250形は瀬戸線で、ほかは西尾・蒲郡線で活躍し、後に瀬戸線に集まった。65年に揖斐・谷汲線に移り、モ205は電装解除されてク2050形2051となった。最後はモ204とモ251が66年3月まで活躍した。

Chapter 7

引退した名鉄電車

600V軌道線 編

名鉄を形成する事業者には、名古屋電気鉄道や岡崎電気軌道など、軌道線を出自とする路線も多く、軌道線用の電車も承継された。有名なのは美濃電気軌道などを承継した岐阜県内の600V線で、2005年3月まで営業された。廃止まで現役だった車両のうち、新しい車両は福井鉄道や豊橋鉄道に承継され、現役で活躍する姿を見ることができる。

美濃電気軌道の四輪単車

路線延長と共に増備され岐阜を駆けた四輪単車群

岐阜市内を走る一期車。トップナンバーのモ1。集電装置はビューゲル、前照灯は屋根に移設後。1956年2月19日（A）

美濃電気軌道は、1911年1月に東京天野工場で岐阜市内線や美濃町《みのまち》線の一部開業用に12両の車両を製造した。木造ダブルルーフの四輪単車で前面は3枚窓、側面に8枚の一段下降窓が並ぶオープンデッキの車両である。

前照灯は腰板部に埋め込まれ、方向幕は前面中央の上部に取り付けられた。車体裾が絞られた明治の一般的な路面電車である。主電動機は40HPを2基搭載し、D1〜12とされた。開業直後にD13〜17の5両が増備され、一期車の17両がそろった。

以降は似た形状で、25年の六期車まで増備が続いた。二期車までのダブルルーフは、上屋根と下屋根が別で妻面側にも採光窓がある形状だったが、三期車以降は車端部で弧を描いて上屋根が下屋根につながる形状となり、後に一・二期車もこの形に改められた。前照灯の位置は後に屋根に移された。集電方式はポールであったが、52年頃にビューゲルに交換された。

美濃電の車両形式名称の付け方は、電機メーカーの略号を数字の前に表示し、数字は通し番号であった。「D」はデッカー、「S」はシーメンス、「G」がゼネラルエレクトリックとし、機器が新型に

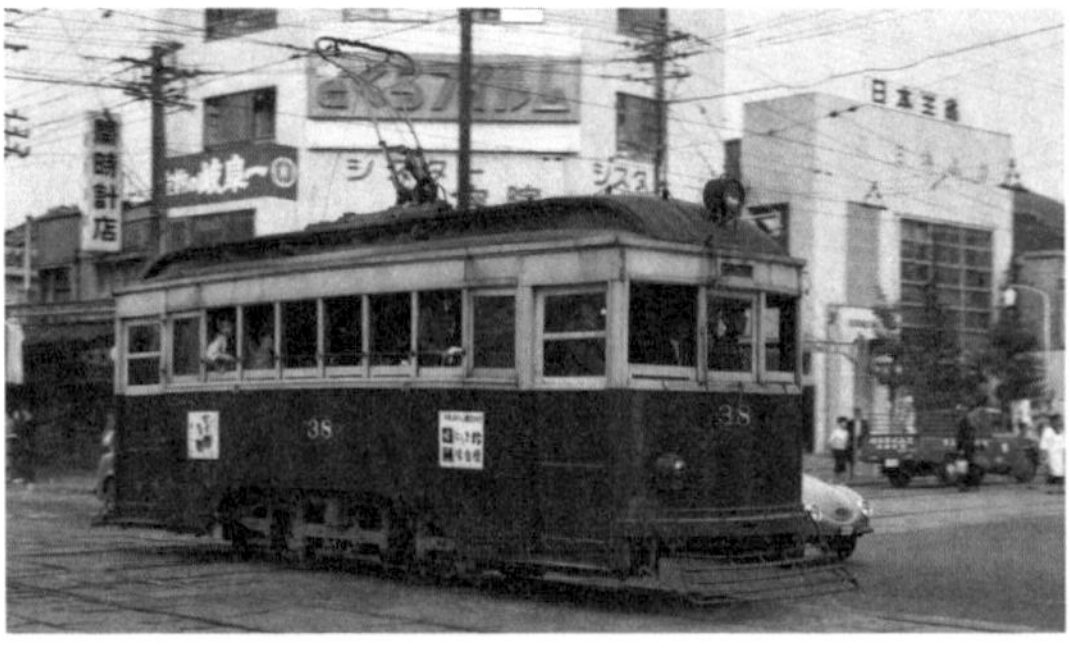

一段下降窓を全開にした五期車のモ38。客を満員にして徹明町交差点を渡る。1959年11月1日

※一部車両の出力は、当時の資料に基づき英馬力「HP」を使用しています。1HP＝745.7Wに換算されます。

三期車のモ14。二期車と比べ、ダブルルーフの傾斜がなだらかである。1956年1月4日（A）

新岐阜駅前を行く二期車のモ6。ビューゲルの向きから左方向に進んでいる。1959年11月1日

なると「DD」と2つ続けて表記した。また、ボギー車は「B」を電気メーカーの略号の前に表記した。通し番号は後に売却などで番号が空くと、穴埋めとして番号が使われたため複雑になった。また、12年頃から末尾の「9」やいくつかが欠番となっている。

六期まで製造され、名古屋鉄道には47両が承継された。49年に形式が制定されモ1形、モ5形、モ10形、モ35形、モ45形の5形式となり、戦災などで焼損した車両は後に別形式のモ50形に改番された。

いずれも当初は客用扉がなかったが、一～五期車は58年から設置された。

なお、各期の車両と形式制定以降の状況は、戦災復旧車を除いて以下の通り。引退時期は最後の車両の時期であり、全車が稼働していたことではない。

一期車　モ1形1～4が残る。1は66年2月まで、ほかは三・四・五期車とともに67年7月の岐阜市内線の単車営業終了まで活躍。

二期車　D18～S30（19・27・29は欠番）の10両。モ5形5～9となり、66年2月まで活躍した。

三期車　電装品が新型のDK50となり、DD33～44（34・39・42は欠番）の9両で、モ10形10～16となった。全車が名古屋電車製作所（後に日本車輌の子会社となる）で製造された。

四期車　DD27・31・32の3両で、モ10形17～19となった。

五期車　DD45～60（49、51～54、59は欠番）の10両で、モ35形35～39となった。

六期車　DD61～63の3両のうち2両がモ45形45・16となり、57年10月まで活躍。この2両は最後まで客用扉がなかった。

1960年に廃止された高富線の粟野駅に停車する四期車モ18。1958年10月23日

北町行きの四期車モ17。屋根の通風器はトルペード形。集電装置はZ形パンタに変更されている。材木町　1958年7月8日

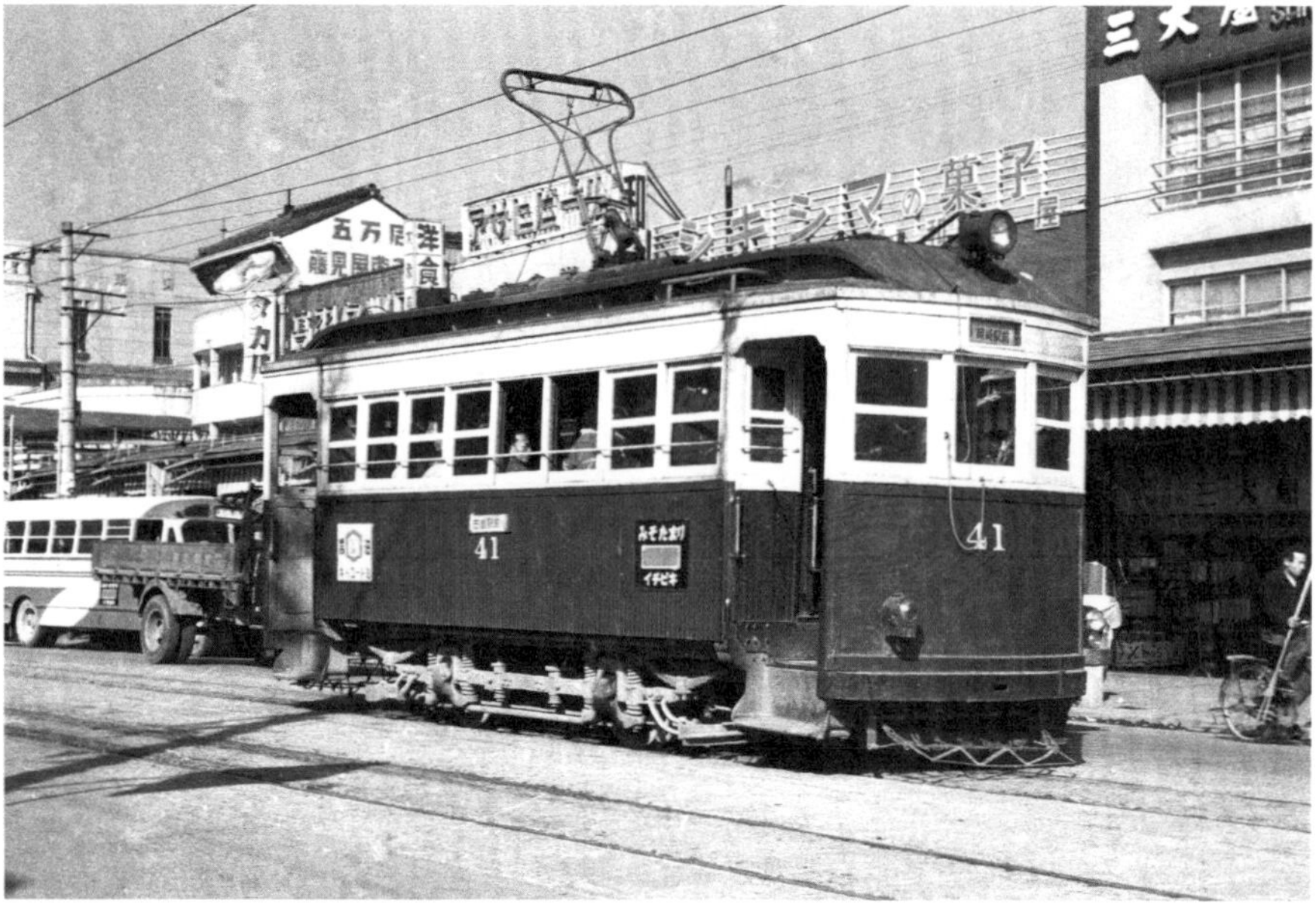

岡崎市内線に転属後、岡崎市内の繁華街である康生町駅でのモ40形41。ビューゲルや尾灯は変更されているが、オープンデッキのままである。康生町　1958年2月26日

初代名鉄
デシ100形
➡モ40形

初代名鉄が蘇東線用に製造
電動貨車の部品転用車

デシ100形は、初代名古屋鉄道が1924年2月に蘇東《そとう》線新一宮〜起《おこし》間の開業用に用意した四輪単車で、同年1月に名古屋電車製作所で101〜104の4両が製造された。電装品や台車は12年に製造された電動貨車デワ1形の部品を転用したため、全長は8mながら自重は10トンを越えていた。

木造ダブルルーフ車で、主電動機は35HPを2基搭載した。前面は3枚窓で、側面は8枚の窓が並ぶオープンデッキであった。登場時は1本のトロリーポールで集電し、前照灯は腰板部に取り付けられていた。

名鉄発足後の41年にモ40形41〜44、49年にモ40形40〜43と改称された。また、蘇東線は48年5月に起線と改称。モ40形は集電装置が変更されてY形ビューゲルが前後2カ所に設置され、後に前照灯が屋根に移設された。

起線は西部線昇圧により新一宮に乗り入れができなくなったのを機にバス化され、53年6月の休止を経て翌54年6月に廃止された。

モ40形は廃止直前の54年3月に岡崎市内線に移り、集電装置のビューゲル化、尾灯やフェンダーの変更、前面中央の幕板部に方向幕の設置などが行われた。しかし、客用扉は設置されなかったため、岡崎市内線の営業終了まで運転することができず、43は59年9月、41は60年8月、40と42は60年11月までの活躍となった。

テ23形を改称したモ21。側窓は7枚に変更後の姿。岐阜柳ヶ瀬〜今沢町間　1958年7月8日

テ13形を改称したモ72。側窓が8枚並んでいるのが分かる。戸羽川〜三田洞間　1958年10月23日

テ28形を改称したモ33。採光窓にトルペード形ベンチレータが付く。岡崎公園前　1958年7月8日

瀬戸電鉄テ13〜・テ23〜・テ28〜 ➡ モ70形・モ20形・モ30形

名鉄に引き継がれた瀬戸電の3種類の四輪単車

瀬戸電鉄は、1939年9月に名鉄瀬戸線となり、テ13〜、テ23〜、テ28〜の3種類の単車が引き継がれた。

テ13〜とテ28〜は前面の腰板に2つの前照灯を備えたのが特徴で、ダブルルーフの木造車で客用扉はなく、集電装置はトロリーポール1本であった。岐阜市内線に移る時に客用扉が設置され、ビューゲル化された。

テ13〜は12年製で、この形式のみ側窓は8枚である。名鉄に9両が引き継がれ、岐阜市内・鏡島・高富線に移った後は、モ70形70〜75となった。64年10月の鏡島線の営業終了と共に活躍を終えた。

テ23〜は19年に5両が製造された。全長は8mで3種類の単車の中で最も短い。側窓は9枚だったが、後に7枚化された。主電動機は37HP×1基に強化されて1948年に岐阜市内・高富線に移り、モ20形20〜24となった。60年にモ23が岡崎市内線へ移り、62年6月に引退、このほかは63年8月まで活躍した。

テ28〜は瀬戸電最後の木造単車で、20年に5両が製造された。換気用に初めてトルペード形通風器を2個装備した。貨車を牽引するため、主電動機は50HPを2基搭載。モ30形30〜34に改番され、50年に豊川市内線に転属した。52年に主電動機の変更などを行い、岐阜市内線に転属。67年7月の単車営業終了まで活躍した。

岐阜市内線に転属後のモ26。大型車体のため、扉間には10枚もの一段下降窓が並ぶ。乗降口に客用扉はなく、鎖で仕切られていた。岐阜柳ヶ瀬　1958年7月8日

岐北軽便鉄道甲形 ➡ モ25形

岐阜市内線の単車で最長の元岐北軽便鉄道の車両

1914年3月に、岐北《ぎほく》軽便鉄道が忠節《ちゅうせつ》～北方町《きたがたちょう》（美濃北方）間を開業した。同時期に開業用の車両として、木造4軸単車・ダブルルーフの甲形4両が日本車輌で製造された。車体長は約9・8mで、岐阜市内線の単車で最長。扉間は10枚の一段下降窓が並び、客用扉はなく晩年も鎖で仕切られているだけであった。

21年に美濃電気軌道が合併されてG13、G14、G17、G19となり、25年に主電動機が換装されてD13、D14、D17、D19と改称された。28年3月に鏡島線に移り、乗降ステップが新設され、名鉄発足後の41年にモ15形15～18と改称された。

この頃に3両が蘇東線（後の起線）へ移った。蘇東線では続行灯が設置され、モ17以外は前照灯が屋根に移設された。47年から再び主電動機が換装され、49年にモ25形25～28と改番された。51年にモ26が転入して4両がそろい、名鉄式Y形ビューゲルが前後2カ所に設置された。

起線は53年6月に休止となり、全車が岐阜市内線に移った。岐阜市内線ではビューゲル化や方向幕の設置、続行灯の撤去が行われ、尾灯とフェンダーの改造が行われた。モ25は57年10月、モ27・28は59年5月に引退。モ26は63年8月まで活躍した後に岐阜工場で保管された。博物館明治村の予備車に予定されたが、67年に岐阜工場で解体された。

元・岡崎電気軌道1号のモ47。1924年に交換された新車体だが、クラシカルな外観である。車体側板は鋼板で補強されている。井田　1958年6月10日

岡崎電気軌道1形 ➡モ45形47・モ50形

岡崎市内線の電化で登場 戦後も活躍を続ける

岡崎馬車鉄道は、国鉄東海道線岡崎駅と岡崎市内を結ぶ鉄道として1899年に開業した。1911年10月に岡崎電気軌道と改称して改軌を行い、12年9月に電車運転を開始した。

運転開始に備えて同年1月に名古屋電車製作所（後に日本車輌の子会社）で4両製造したのが1形1～4で、全長8m級の木造ダブルルーフ単車である。ダブルルーフに通風器はなく、側面には窓が8枚並ぶ。前面は緩い曲面で3枚窓があり、窓はすべて一段下降窓である。車体裾部は絞られており、晩年は側板に鋼板が張られて補強された。乗降扉はなく、扉の代わりに鎖が1本渡されており、デッキと車外を区切っていた。

前照灯は腰板に設置されたが、戦後には屋根に移されていた。集電装置は1本のトロリーポールで行い、終点でポール回しが行われていた。これは戦後、ビューゲルに交換された。

1～3は24年に新車体に交換されたが、4は活躍を終えている。名鉄発足後の41年にモ31形48～50となった。モ49・50は戦災に遭ったが46年から再生され、モ50形に編入されてモ59・60となった。

岡崎電気軌道1号であるモ48は49年にモ45形47に改番され、60年8月まで活躍した。モ45を名乗るが、110ページの四輪単車とは別物である。犬山ラインパークで保存されたが現存しない。

岡崎電気軌道から継承した単車。モ45形48は、戦災をくぐり抜けた4両のうちの1両。乗降口に客用扉はなく、鎖である。大樹寺 1958年6月10日

焼損した車両から再使用できる部分と新しい車体を組み合わせたモ50形53。高富線の下岩崎に停車する。1958年10月23日

岡崎電気軌道9形 ➡モ45形・モ50形

1形以外の岡崎電軌の単車群と戦災復旧車モ50形

岡崎電気軌道の単車は、115ページで紹介した1形以外に、1形と同形の付随車5形5・6や1形よりやや大きい7形7・8、7形のダブルルーフの構造を変更した9形9〜12があった。しかし多くを戦災などで失い、戦後活躍できたのは後にモ45形48・49となる9形10・11だけであった。

戦災で焼損した単車は、戦後の物資不足の中で使えるものを活用することになった。名古屋造船（後にIHIと合併）で車体を新造し、電装品や台車を転用する方法で車両を製造。この中には元美濃電気軌道の車両も含まれていた。

車体はすべて8m級の木造車体で、丸屋根構造である。前面は緩い曲面に一段下降窓が3枚あり、中央窓の上には方向幕が装備された。側面は8枚窓で、戸袋部を除き一段下降窓。前後には乗降扉が付けられた。台車寸法の違いで、車体に多少の違いがあった。

当初は1946年10月に登場したモ50形50〜64の15両と、46年12月に登場したモ65形65・66の2両の2形式があった。いずれも復旧当時は旧番号であったが各形式の番号に変更され、49年にモ50形に統合された。

岐阜市内線のモ57は57年10月、岡崎市内線用のモ61は60年8月まで活躍。岐阜市内線に残っていたモ50形は全車岡崎市内線に移り、残った15両は62年6月の岡崎市内線営業終了まで活躍した。

窓枠の上縁にRがあり、前面窓の下端は側窓よりもやや低いモ531。採光窓の間に並ぶトルペード形ベンチレータは、円筒部分がレール方向を向く。　明大寺　1958年6月10日

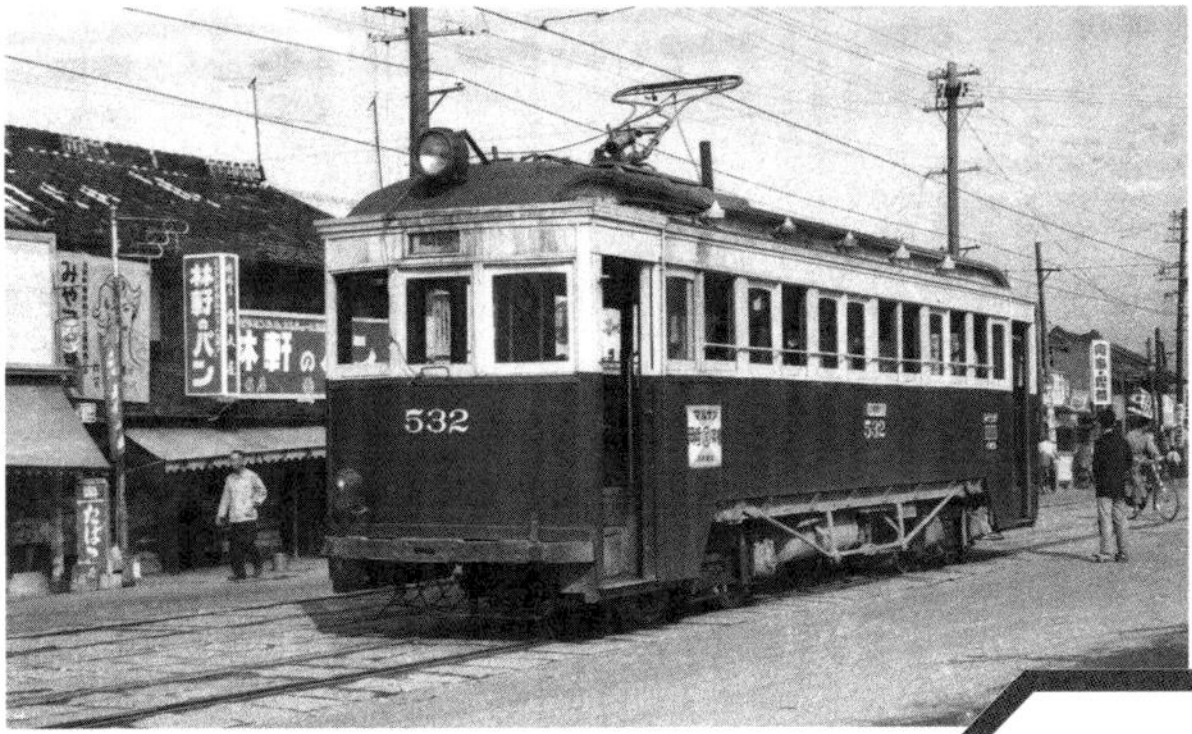

ボギー車がよく分かるアングルのモ532。前面窓は中央部はRがなく、下端もやや高い。トルペード形ベンチレータは垂直方向に付く。　岡崎井田　1959年11月3日

岡崎電気軌道100形 ➡モ530形

ラッシュ輸送で活躍した 岡崎市内線唯一のボギー車

１９２３年9月の康生町《こうせいちょう》～岡崎井田間の開業に合わせて、岡崎電気軌道が同年6月に用意したのが１００形１０１・１０２である。同社初のボギー車で、名古屋電車製作所（後に日本車輌の子会社）で製造された。12m級車体の木造ダブルルーフ車である。名鉄発足後の41年にモ５３０形５３１・５３２となった。

１１８ページのモ５００形と似た形状で、主電動機出力などは同じである。前面窓の下辺は側窓よりもやや低く、モ５００形ほどの腰高感はない。すべての窓枠上縁にRがあり、晩年もモ５３１は残っていたが、モ５３２は前面窓の中央部などが直線化されていた。

当初は両端の乗降口に客用扉が設けられていなかったが、モ５３１が55年、モ５３２が53年に設置された。採光窓の間にはトルペード形ベンチレータが5個ずつ設けられた。50年代後半の写真では、モ５３１は円筒部分がレール方向を向いているが、モ５３２は垂直方向に配置されている。

前面の幕板中央には小型の方向幕が設けられた。前照灯は腰板部に設けられたが、終戦後には前照灯は屋根に移っていた。集電装置は、車体の前後に1本ずつトロリーポールが搭載されたが、52年頃にビューゲルに改造された。

62年の岡崎市内線廃止後、転用先の岐阜市内線に2両とも移送されたが、63年8月に解体された。

岐阜市内線のモ501。前照灯は移設、集電装置はビューゲル、客用扉のある姿。木造のため、側面には木板が並ぶのが分かる。1956年2月5日（A）

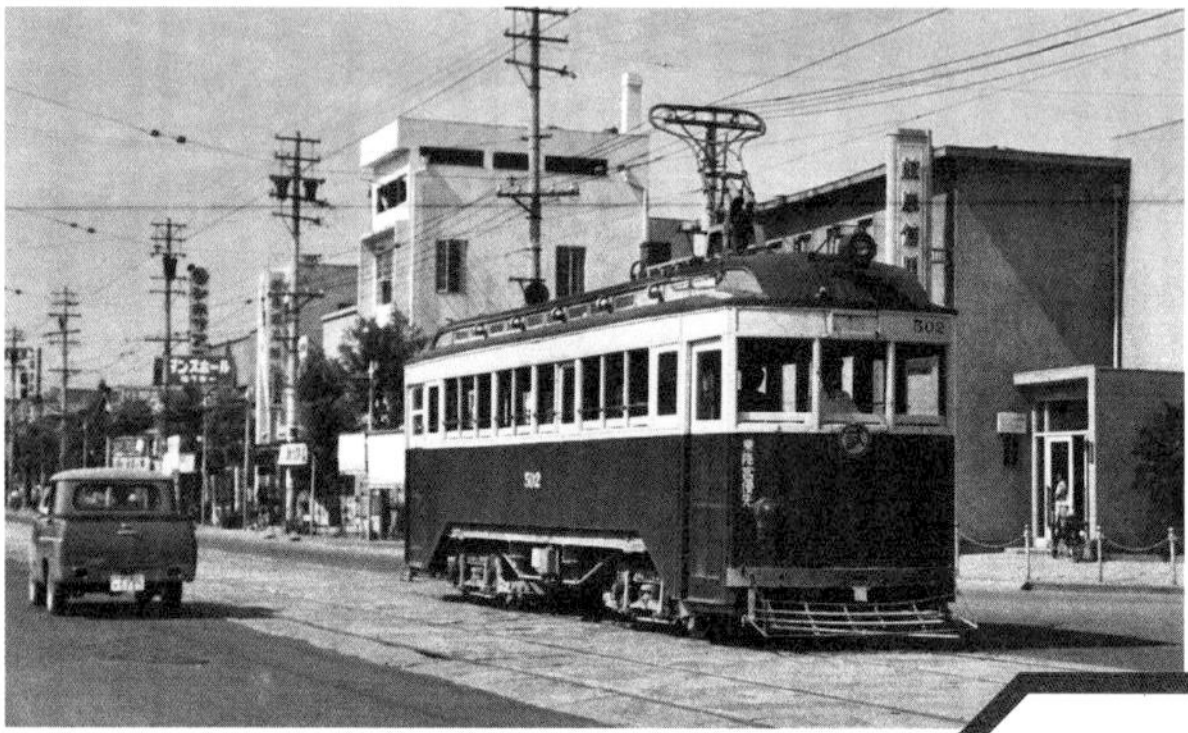

試運転の看板を出し、岐阜市内線を走るモ502。補強後の姿のため、腰板部には鋼板が張られ平滑である。徹明町〜金宝町間　1958年7月8日

美濃電気軌道 BD500形 ➡モ500形

美濃電気軌道笠松線に初登場 空気ブレーキ付きボギー車

BD500形501〜504は、1921年6月に名古屋電車製作所で製造された。美濃電気軌道初のボギー車で、形式名の「B」はボギー車の意味である。12m級車体の木造ダブルルーフ車で、定員は70人。車体裾に見える台枠には、トラス棒が付く。

採光窓の間にトルペード形ベンチレータが5個設けられ、前面の3枚窓は3枚とも下降可能。側窓は乗降扉横が戸袋窓であるほかは一段下降窓である。側窓の中央に横桟があるのは、大型ガラスの不足に対応した処置である。

両車端部の出入り口には戦後まで客用扉はなく、写真は客用扉設置後の姿である。末期は腰板部分の補強のため、鋼板が張られた。

前照灯は幕板部にあったが、乗降扉を設置した頃に屋根に移された。集電装置は終戦後まで前後に1本ずつトロリーポールを備えていたが、後にビューゲル化された。

電気機器はデッカー社製で、直接制御車である。台車はブリル76E-1で主電動機は50HPを2基搭載し、初めて直通空気ブレーキが設けられた。

名鉄発足後の41年にモ500形501〜504と改称された。

登場時は1914年12月に全通した新岐阜〜笠松口間（笠松〜笠松口間は廃止）の笠松線で活躍した。その後、美濃町線や鏡島線に移り、70年7月に複電圧車モ600形と交代するまで活躍した。

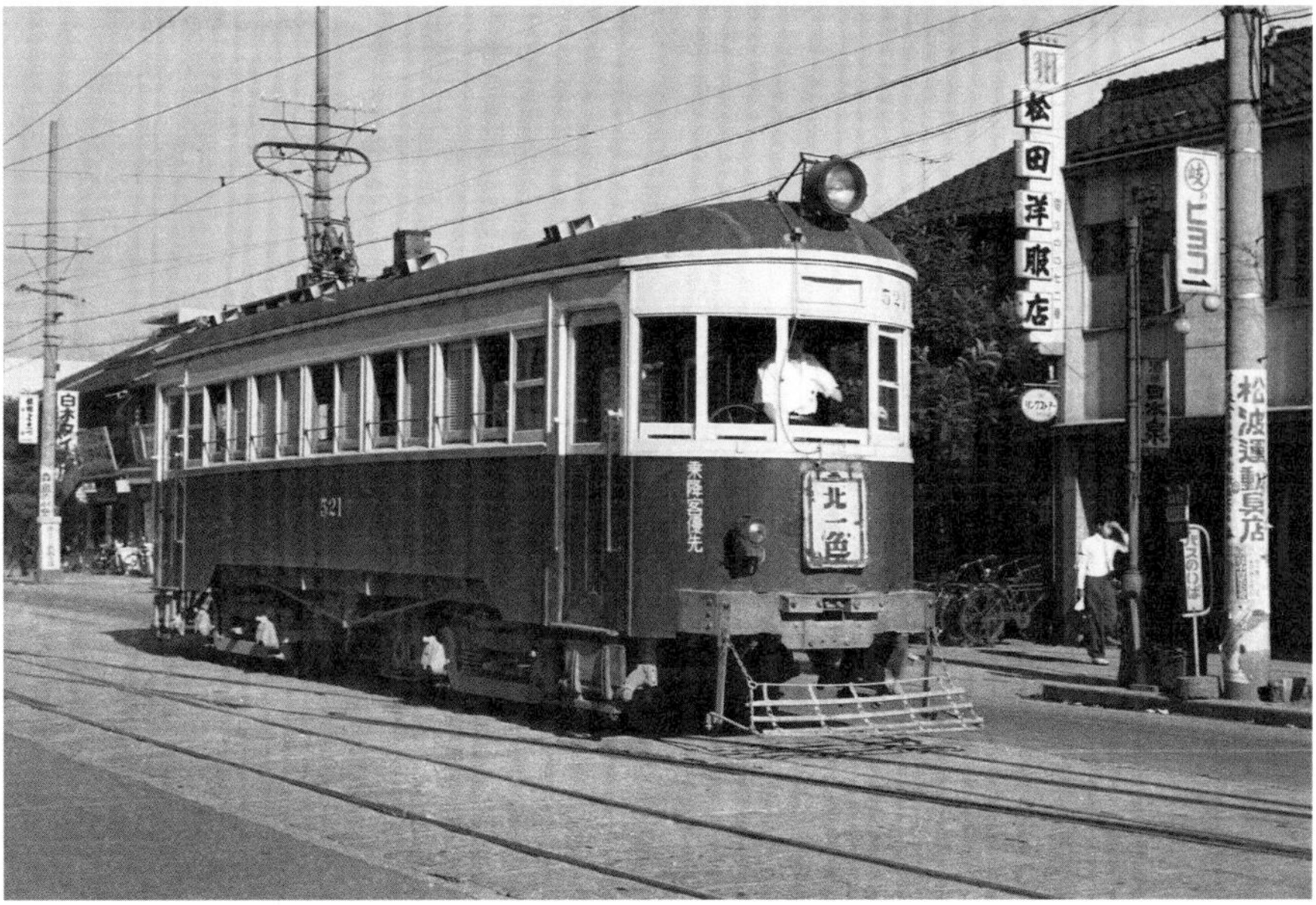

大きく弧を描いた前面形状が特徴のモ521。北一色行きの単行列車。車体に鋼板が張られる前の姿。徹明町　1958年7月8日

美濃電気軌道 BD505形 ➡モ520形

主幹制御器を2台備えて連結運転を行う

美濃電気軌道に1923年8月、日本車輌で製造された木造車BD505形505～510が登場した。名鉄発足後は41年にモ520形521～526に改称された。

半円の前面に5枚窓が並ぶ13m級シングルルーフ車で、定員は74人。車端部には最初から客用扉が設けられた。主電動機は60HP×2基と強化され、台車はブリル27-MCB-1に変更された。

前面の方向幕は終戦後まで使用したが、52年のビューゲル化以降は使用されずに埋められた。64年からの更新工事で、外板の腐食防止と補強を兼ねて車体に鋼板が張られ、セミスチール化された。

登場時は笠松線で使用され、後に美濃町線に転属した。67年12月からモ510形（120ページ）を使用して岐阜市内線と揖斐・谷汲線の直通運転が開始され、翌68年12月の増発でモ510形と連結運転を行うことになり、塗装の変更やクロスシート化などが行われた。揖斐側の運転台にはHL車用の主幹制御器が設置され、モ510形と連結運転するときは、モ520形は付随制御車として総括制御が行われた。なお、改造されなかったモ521は69年12月に引退した。

75年9月から岐阜市内線でも連結運転が始まったが、それまでは軌道区間内を単独で続行運転が行われた。87年4月から登場したモ770形と交代して活躍を終えた。

楕円形の戸袋窓が特徴のモ510形は、丸窓電車として人気を集めた。写真のモ514は現在も谷汲駅跡に静態保存されている。奥には北一色行きのモ525が続く。徹明町　1958年7月8日

美濃電気軌道 BD510形 ➡モ510形

岐阜市内線と揖斐・谷汲線の直通運転を象徴する存在

BD510形511～515は、美濃電気軌道最後の新車で、1926年7月に日本車輌で製造された。名鉄発足後は41年にモ510形511～515と改称された。

BD505形を半鋼製化した車両で、窓が天地方向に拡大されて上昇式の二段窓となった。鋼板は台枠を覆うまで広がり、トラス棒は不要となり、鋼板を止めるリベットは頑丈さを強調した。

戸袋窓が楕円形となり、登場時は色ガラスが入っていた。楕円窓は2005年3月に活躍を終えるまで残され、人気を集めた。

当初は美濃町線で運行された。その後、67年12月から始まる岐阜市内線と揖斐・谷汲線の直通運転用に、塗装の変更や3780系同様のクロスシート化、補助ステップやヒータの取り付けなどの改造が行われた。主電動機は4基に倍増され、歯車比の変更により高速化された。制御装置はHL化され、集電装置はパンタグラフ化された。

モ510形+モ510形で運転を開始し、一躍看板列車として人気を集めた。翌年から増発されてモ520形を制御車として編成を組み、運行が続けられた。

写真は徹明町《てつめいちょう》で出発を待つ美濃行きで、奥に北一色《きたいしき》行きのモ520形525が停車している。美濃町線で活躍中の姿で、これから10年ほど後に、この異なる2車種が連結運転を行って揖斐・谷汲線を走行するとは想像もできない。

1958年に撮影されたモ543。台枠の車体中央付近に中央扉の名残がある。新岐阜車庫　1958年7月8日

モ542のみ、前面窓の上辺が直線化されていた。通風器の形状は番号ごとに異なる。徹明町　1958年7月8日

三重合同電気モセ32形
➡三重交通モ501形
➡モ540形

三重交通神都線からきた大正生まれの個性派車両

　三重合同電気が投入した10m級車体の木造ボギー車。窓の上縁に緩いRを持ち、神都《しんと》線（1961年廃止）の最初で最後の3扉車であった。23年に東洋車輌でモセ32形32・33として落成。24年には増備車として梅鉢鐵工所（現・総合車両製作所）で34が製造されたが、諸事情で認可は26年7月となった。これらは後にモ501形501・502・504と改称された。モ504のみは窓配置が異なり、3扉時代は2枚1組の窓が並び、中央扉は両開き式であった。

　社名が三重交通となった44年頃は3両とも休車状態で、戦後は48年の平和博覧会の時に動いただけであった。その後、モ504の電装品は三重交通八王子線の車両用に転用された。そのため、名鉄は49年4月にこの3両を購入したが、名鉄に届いたモ504は車体・台車・集電装置だけであった。

　名鉄でモ540形541〜543となり、49年6月から3扉車で運行を始めたが、後に2扉となり集電装置はビューゲルに交換された。通風器の形状は番号ごとに異なり、542は前面窓の上辺が直線化されていた。

　モ541+モ542は、60年12月に連結面の運転台を撤去して固定編成化され、モ541の集電装置はパンダグラフに変更され、美濃町線で70年7月まで活躍した。モ543は鏡島線などで68年4月まで使用された。

岐阜検車区での晩年のモ574。窓はアルミサッシ化され、客用扉やパンタグラフも交換されている。市ノ坪　2004年9月8日

初期型のモ572は前照灯が外付けで、側窓が10枚である。金町　1958年7月8日

1954年に増備されたモ575の忠節行き。前照灯が埋め込まれ、側窓が9枚である。千手堂　1958年7月8日

モ570形

美濃町線に投入された戦後初のボギー車

モ570形は、1950年12月に戦後初のボギー車として岐阜市内線用に登場した半鋼製2扉車である。帝国車輌（現・総合車両作所）で、モ571〜573の3両が製造された。すぐに美濃町線用となったが、モ573は1960年に岐阜市内線に戻った。

東京都電6000形に似た車体で、台車は低床帝車型、小型ガーランド式通風器が4基、前照灯が屋根にある点が異なる。また、登場時は集電用のポールを前後に1本ずつ備えたが、54年8月頃までにビューゲル化された。

53・54年に岐阜市内線用のモ574とモ575の2両が日本車輌で製造された。客用扉間の窓が10枚から9枚となり、前照灯が半埋め込み式となった。モ573〜575は岐阜市内線用となり、73年にワンマン化とZパンタ化された。

美濃町線用のモ571・572は74年にZパンタ化され、モ870形の登場で77年に市内線へ転属。モ531・559の機器を転用してワンマン化された。また、台車が住友KS−40Jに変更された。

後年は全車が市内線用となったが、車体が大きいため本町付近の急カーブを通過できず、長良北町方面には入線しなかった。その後もモ571〜573のアルミサッシ化など、改良が加えられた。モ573、モ575は2000年までに引退し、残った3両は路線が廃止される05年3月まで活躍した。

集電装置にビューゲルを搭載するモ582。現在も豊橋鉄道市内線で現役である。1956年1月30日（A）

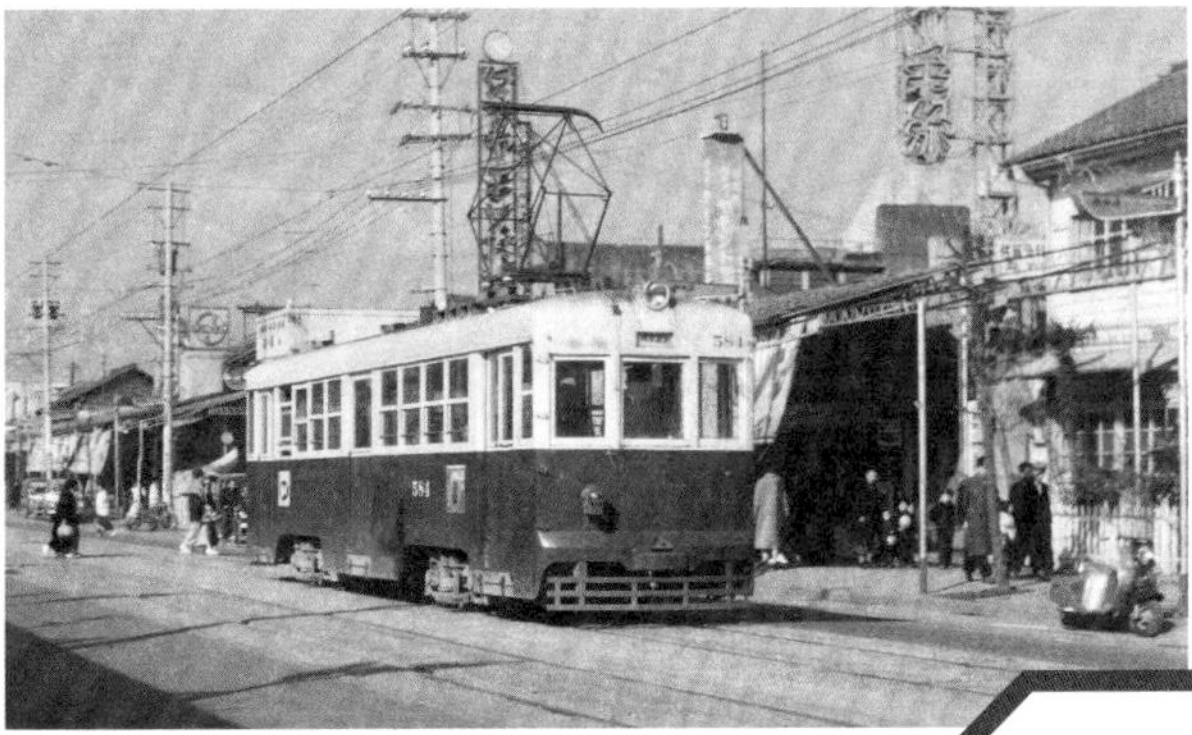

試作の無音台車を履き、集電装置がパンタグラフの異端車、モ584。1957年4月4日（A）

モ580形

今も1両が現役!
名鉄よりも豊鉄で長く活躍

モ580形は、1955年3月にモ581～583がビューゲルで、56年9月にモ584がパンタグラフで登場した。モ570形より屋根の肩のRが小さく、角張った印象を受ける。側窓の直上には一直線に雨樋が取り付けられた。モ584のみは日本車輌が試作した無音台車NS－9を履く。

岐阜市内線の新造車では初の3扉車で、両端の客用扉は2枚重ね引き、中央が1枚扉である。また、車内は初めて蛍光灯となった。車体色は下半分が濃緑で上半分がクリームであるが、後にスカーレット化された。

67年12月の揖斐・岐阜市内線直通運転に合わせ、モ584が美濃町線に移り、後に全車が転属。異端車のモ584はモ870形の登場で、76年12月に豊橋鉄道東田《あずまだ》本線（市内線）に移りモ3201となり、豊鉄赤岩口工場でZパンタ化やワンマン化改造が行われた。

残ったモ581～583は74年にZパンタ化、76年に自動ワイパ、77年に放送装置が取り付けられた。80年のモ880形登場で2両が豊橋鉄道に移り、81年にモ581がモ3202、モ582がモ3203となった。この2両は名鉄岐阜工場で改造され、ワンマン化や前照灯位置の変更、運転台窓のHゴム化、方向幕の拡大化などが行われた。モ3203は現役である。モ583は南知多ビーチランドで保存されたが解体された。

新製間もない頃のモ595。大きな前面窓や行先表示器、平滑な車体は新しい印象だ。集電装置は当初からパンタグラフを搭載する。徹明町交差点　1959年11月1日

屋上に冷房装置を搭載し、角型の尾灯やLED表示器を装備した晩年のモ592。北一色～野一色間　2004年9月8日

モ590形

出力の大きい主電動機を採用
高速化されて美濃町線で活躍

モ590形は1957年に5両が製造された3扉車である。モ580形と同じ窓配置だが、側窓直上の雨樋がなくなり、客用扉の窓をHゴム化。前面3枚窓の中央の窓と方向幕が大形化された。方向幕は後に使わずに白幕化され、方向板を使用する時代が続いた。

主電動機は37・5kW×2基から45kW×2基となり、出力を強化。71年に歯数比を変更して高速化された。台車は住友の鋳鋼製FS－78Aで、乗り心地が改善された。68年にモ591、71年にモ592～モ595が市内線から美濃町線に転属。75年にヒータが取り付けられ、自動ワイパ、放送装置が順に装備されて整備が進められた。

モ880形の登場で81年にモ591とモ592は新関～美濃間の運用となり、モ594とモ595が活躍を終えた。モ593は休車となっていたが、83年にモ561、モ563、モ565の機器を転用してモ591、モ592とともにワンマン化改造された。99年3月の同区間の営業終了後、同年12月にモ592、2003年3月にモ591が冷房化とワンマンの機器の更新がなされ、以降は徹明町～日野橋間で使用された。

モ593は非冷房のまま残り、04年9月に旧塗装に復元された。05年3月の営業終了後、モ591とモ592は土佐電気鉄道（現・とさでん交通）に移り現役。モ593は美濃駅跡で保存された。

モ604の屋上機器。3つ並ぶ大きな箱はいずれも抵抗器で、非冷房車であった。1980年頃撮影（A）

角張った車体形状が特徴のモ600形。前面中央に運転台と非常用貫通扉を設ける。1980年頃撮影（A）

モ600形

美濃町線の利便性向上を目的に登場した複電圧車

1960年代まで美濃町線の徹明町と鉄道線の新岐阜駅は離れており、乗り換えが不便であった。そこで美濃町線の競輪場前から分岐して各務原線の田神まで田神線を新設し、新岐阜まで直接乗り入れることとした。

2路線は直流600Vと1500Vと電圧が異なるため、複電圧車のモ600形6両が70年6月に製造された。最大寸法は、当時の軌道法で2両連結時に30m以内の規定に従い、半分の15m弱の小型車となり、車体幅は2・23mとなった。また、半径16・5mの曲線でも通過できるよう先頭部の幅は1・66mに狭められた。制御機器類や台車は他車から転用のHL車で、抵抗器は屋上に設置された。

前面の貫通扉は非常口で、連結運転時の非常時に隣の車両に避難する場合にのみ使用する。客用扉は2枚重ね引きの2扉で、扉と連動し折り畳みステップが作動する。車内はモ510形同様に1人掛けと2人掛けの転換シートを配置している。車体色はスカーレットに白帯が巻かれた。71年に鉄道友の会ローレル賞を受賞した。

モ606は99年10月にワンマン化改造されて予備車となり、ほかの車両は2000年にモ800形の導入とモ870形の複電圧化により、同年12月までに全車が活躍を終えた。05年3月に路線の営業終了とともに引退。モ601が美濃駅跡で保存されている。

スカーレットに塗色変更されたが、札幌市電時代の面影を強く残す1980年頃のモ874-モ873。丸みのある車体形状や前面窓が特徴。(A)

晩年のモ876-モ875。屋上に冷房装置を搭載、前面は行先表示器やLED表示器が追加され、側窓が小さくなっている。 新関 2004年9月8日

モ870形

元札幌市電の連接車A830形 他社から転入した最後の車両

札幌市電A830形は窓の大きなヨーロピアンスタイルで、1965年に登場した。札幌市電最後の新造連接車で、66年に鉄道友の会ローレル賞を受賞した。しかし、営業の縮小で余剰となり、名鉄は76年6月にA837－A838～A841－A842の3編成と、部品の予備品確保用にA820形（823－824）を購入した。

全長21m級の3扉車で、前面は大型曲面ガラスの3枚窓である。側面は大型固定窓が並び、左端に客用扉が1カ所、中央に広幅1800㎜の重ね引きの客用扉が設けられている。車内はロングシートで連接部は全断面で見通しが良い。

名鉄で塗装の変更、扉ステップの取り付け、前照灯のシールドビーム化、大型固定窓の一部ユニット窓化などが行われた。シールドビーム化は片側のみで他方はダミーである。窓は77年に全部が開閉可能なユニット窓化された。

600V区間専用車として76年11月から美濃町線徹明町～美濃間で本格的に営業に入った。88年にモ871－モ872が引退し、残りの2編成は96年に冷房化、2000年に新岐阜乗り入れ用の複電圧化とワンマン化の工事を受けたほか、上部の小窓がなくなり、側窓の天地寸法を縮小、中央扉は1300㎜幅に縮小され外観が大きく変化した。05年3月の営業終了で活躍を終え、美濃駅跡に前頭部が保存されている。

岐阜県内600V区間で初めて空気バネ台車やカルダン駆動を装備し、美濃町線活性化に挑んだ。現在は塗装を変更し、福井鉄道で活躍中。競輪場前〜市ノ坪間　2004年9月8日

モ880形

空気バネ台車やカルダン駆動で路面電車活性化を狙った意欲作

美濃町線活性化のため、1980年8月に登場したモ880形は、美濃町線と新岐阜乗り入れ用の複電圧車である。2両1組の連接車で5編成が製造され、この車両の投入で15分間隔運転も実施された。岐阜県内の600V区間用の車両で初めて空気バネ台車やカルダン駆動が採用された。

前面は傾斜の付いた平窓で、中央が大形の3枚窓である。窓下の左右に角型の前照灯が配置され、周囲は100系のようにエッチング加工されたステンレスの飾り帯が付く。バンパーに尾灯類を収めたこのデザインは、続く770形・780形にも採用された。

客用扉は運転台側が3枚折戸、中央が両開きである。3段ステップで乗降し、最下段は扉と連動して出る仕組みである。車内はFRP製のロングシートで1人分ずつウレタンフォームの詰め物入りの座布団と背もたれがある。連接部は円形断面となっている。

非冷房で登場したが91年から冷房化改造され、美濃町線のワンマン運転開始に合わせて99年にワンマン化改造が行われた。

2005年3月末の営業運転終了後は改造工事を行い、06年に5編成とも福井鉄道に活躍の場を移した。路線に合わせて高速化対応の工事が行われ、複電圧機器の撤去や弱め界磁制御などが追加された。車齢が40年を越えた現在も現役で活躍中である。

塗装変更後のモ770形。パンタグラフを2基搭載し、モ880形とは側窓や客用扉の格納式ステップなども異なる。徹明町　2004年9月7日

併用軌道区間での巻き込みを防止する大型のスカートや、ワンマン運転時に効率よく乗降できるようにやや右側に寄せられた中央扉が特徴のモ780形。新岐阜駅前　2004年9月7日

モ770形・モ780形

揖斐線用の新造車2形式 市内線直通運転にも充当

岐阜市内線と揖斐線の直通運転をモ510形とモ520形から置き換えるため、2両連接車のモ770形が1987年から4編成製造された。弱め界磁制御が付き、高速性能が向上した。

モ880形のデザインを引き継いだが、徹明町交差点が半径20m の急曲線のため、車体幅が130㎜狭い。ワンマン運転に備えて乗車安全確認用のモニタを初めて設置。座席はロングシートで、端部に折り畳み座席を配置した。同線初の冷房車で、扉間が固定窓、連接側の車端部が下降窓となった。

乗降口には2種類の可動ステップを搭載し、市内線では客用扉の開閉と連動する折り畳みステップ、揖斐線内ではホームとの隙間を埋める引き出し式ステップ（忠節駅停車中に出し入れ）で乗降する。

モ780形は97年に登場した13m級車体の3扉ボギー車。モ770形を基本に、客用扉は前後が3枚折戸、中央扉は両開きである。回生ブレーキ付きVVVFインバータ制御車で、電気指令式電磁直通ブレーキを持つ。パンタグラフはシングルアームを初採用。白基調の車体色は好評で、モ770形も後に同色に変更された。日中は単行でワンマン運転を行い、混雑時はツーマンで連結運転ができるように電気連結器を備えた。

2005年3月の営業終了後は、モ770形は福井鉄道、モ780形は豊橋鉄道に活躍の場を移した。

車輪径の違いは、台車カバーの形状からも分かる。現在は全車が豊橋鉄道に移籍。東田本線の半径11m曲線を通過できるように台車のカバーは外された。新関　2004年9月8日

モ800形

最後に登場した軌道線用車
部分低床式の複電圧車

モ８００形は、２０００年6月に美濃町線と新岐阜乗り入れ用に3両が製造された複電圧車である。岐阜県内の６００Ｖ区間で最後の新車となった。国産技術で開発された部分低床車で、制御機器類を屋上に搭載する。パンタグラフはシングルアームである。

台車は動軸が直径６１０㎜、従軸が直径５３０㎜の異径車輪で、従軸を車体中央側に配置することで、床面の高さを下げている。そのため、床面高さは車端部が７２０㎜、中央部が４２０㎜で、３００㎜の段差はスロープで結ばれている。外観では台車側面にカバーが付けられ、低床車を強調するデザインとなっている。

3扉車で前後の客用扉は折り畳み式ステップを備えた折戸、中央はステップレスの両開きとなっている。

前面は大形1枚窓。座席は2人掛けと1人掛けの固定クロスシートで、中央部付近は車椅子スペースとして折り畳み式のロングシートとなっている。

なお、01年10月にモ８０２が1カ月間福井鉄道に貸し出され、社会実験に使用された。

05年3月に岐阜県内の６００Ｖ区間が営業を終了し、1両が豊橋鉄道、2両が福井鉄道に活躍の場を移した。その後、19年3月に福井鉄道の2両が豊橋鉄道へ移り、現在は3両とも豊橋鉄道東田本線で活躍中である。

COLUMN 04

日本初のモノレール技術を実用化した功労者

1962年3月にラインパークモノレール線として開業した犬山遊園〜動物園間は、営業キロ1.2kmで100m近い高低差があるため、勾配に強いモノレールが採用された。跨座式の日立アルウェグ式モノレール車両のMRM100形は、MRM100形＋MRM200形＋MRM100形の3両固定編成で、日立製作所笠戸工場で2編成が製造された。

車体はアルミ製の軽量モノコック構造で、前面はパノラマカーをイメージさせる流線形。中央運転台の機器類は新幹線並みにシンプルに配置された。塗色は銀色の地肌で腰板部分に2本の太い赤帯が入り、後にカラフルにラッピングされることもあった。

走り装置は特殊1軸台車で、車輪はゴムタイヤ。6軸のうち両端を除いた中央4軸に主電動機を搭載した（直流1500V）。駆動方式は名鉄の普通鉄道では採用されなかった直角カルダン方式である。走行路線は単線で分岐器がないため、多客期は2本を連結して輸送した。

車両は置き換えられることもなく、2008年12月の路線廃止まで活躍し、現在も一部の車両が動物園駅跡などに保存されている。

日本初のモノレールとなったMRM100形が培った基礎技術は、国内各都市のモノレールはもとより、海外のモノレールにも生かされてる。

開業間もない頃のMRM100形の編成写真。車体は銀色の地肌で、赤色の帯が2本入れられた。1962年5月28日（3点とも）

MRM100形の運転台（上）と客室（下）。

Chapter 8

引退した機関車・電動貨車・貨車

鉄道が貨物輸送の主役だった時代には、大手私鉄各社で貨物列車の運行が行われ、名鉄でも多くの機関車を保有していた。ユニークなのは電車に荷物室を設けた電動貨車で、鉄道線と軌道線に在籍。後に荷物室に機器を設置して機関車化されたものもある。また、名鉄自社で貨車も保有し、国鉄線へ直通できる貨車もあった。

蒸気、内燃、電気があった機関車

博物館明治村に蒸気機関車2両を保存

名鉄は愛知県から岐阜県南西部にある複数の私鉄が統合して成立した会社のため、多くの種類の機関車や電動貨車が存在した。蒸気機関車は自社発注や他社の注文流れ、譲渡や交換された機関車が混在し、電気機関車や内燃機関車に役目を譲るまで活躍した。

名鉄グループでもある博物館明治村（愛知県犬山市）には、そんな名鉄の蒸気機関車が残されている。静態保存中の1号機は尾西鉄道が開業時に発注した１８９７年製、動態保存の12号機は１９１１年に機関車の交換で鉄道院から尾西鉄道に入線した１８７４年製である。

青い車体色にゼブラ模様で、保線や回送用に残っていたデキ300形305＋306の重連回送。2013年撮影（Si）

アメリカ軍が持ち込んだディーゼル機関車も

内燃機関車はガソリン機関車とディーゼル機関車があり、前者は加藤製作所製や森製作所製、トヨタ自動車工業製があったが少数であった。

多くはディーゼル機関車で、主に構内や専用線内で活躍し、たまに築港線などで貨車を牽引することもあった。ディーゼル機関車の中でも電気式のＤＥＤ８５００形は国鉄ＤＤ12形の同型機で、終戦直後にアメリカ軍が日本に持ち込んだものである。１９５６年に２両が名鉄に譲渡されて進駐軍関係の物資輸送を担当し、以降は東名古屋港付近の入換で活躍した。

さまざまな出自の電気機関車

電気機関車は自社発注や営業用車・荷物電車からの改造、他社からの譲渡のほか、戦時中に電車の主電動機を転用した木造車体の機関車もあった。

貨物輸送は83年12月末に終了し、保線用や新車搬入用などに少数の電気機関車が残された。２０１５年に新たにＥＬ１２０形（23ページ）が２両製造されて、旧型機関車を置き換え。工事列車や車両の輸送に使用されている。

保線用に残されていたデキ600形602が牽引するバラスト輸送貨車。2010年撮影（Si）

※一部車両の出力は、当時の資料に基づき英馬力「HP」を使用しています。1HP＝745.7Wに換算されます。

ラッシュ時の運用を終えて切り離された増結車ク1011を、側線に引き込む晩年のデキ1。大須　1959年11月1日

デキ1形

名鉄で最も小さな電気機関車
腰板の2灯のライトが特徴

デキ1形は、尾西鉄道がEL1形として1924年7月に導入したドイツ・シーメンス社製の電気機関車である。制御器はウエスチングハウス製で直接制御を行い、制動は手ブレーキを使用した。全鋼製の2軸凸型機関車で、全長6・7m、自重15トンは名鉄で最も小さい。主電動機の出力は60HP×2基と小さいが、デキ30形よりは強力である。

妻面の腰板部は、中央に通風口、左右に2つの前照灯を備えた独特のスタイル。上の写真では、連結器の左右に穴があるが、これはねじ式連結器の緩衝器（バッファー）を撤去した跡である。台車の端部には、可動式の簡易排障器を装備している。

名鉄統合後はデキ1形と改称され、最後まで「デキ1」として活躍した。尾西線、西部線、竹鼻線がいずれも600Vだった時代に活躍し、昇圧改造をされることはなかった。

最初は玉ノ井駅の木曽川寄りにあった木曽川港貨物駅の入換用に使用され、大きく改造されることなく戦後は新川工場の入換や佐屋駅の側線にあった砂利採取線で使用された。晩年は竹鼻線大須駅で増結する電車の入換などに使用された。

車体色は長いこと灰色であったが、60年に黒色に変更され、翌61年に引退となった。

デキ51は、左のデキ30形と比べ、パンタグラフの位置は32と同じで、前照灯は31と同じ位置にある。台車以外の車体形状は31と32の折衷型。　今村　1958年10月13日

デキ50形

電車時代の面影が車体に残るボギー台車の電気機関車

名鉄の前身である名古屋電気鉄道は市内線から営業を始めたが、名古屋市による公営化を考慮して１９０６年に現在の津島・犬山線など郊外へ向かう郡部線の建設の免許を出願。12年に郡部線を開業した。

郡部線用に市内線よりも大型の車両が用意され、最初は市内線の車両の続き番号の１６８〜が付けられていた。その後、18年に市内線用の車両を増備することになり、番号が重複するためデシ５００形と改められた。全長10・７ｍのダブルルーフの木造車体で、イギリスのマウンテンギブソン社製のラジアル台車を履く大型単車であった。

デシ５００形のうち、５１１・526・529の３両が31〜35年にかけて電気機関車に改造されて、デキ50形51〜53となった。台車は新造されたボギー台車に交換され、主電動機は４基となり出力は倍に増強された。また、空気圧縮機が搭載されて空気制動化された。

31年に改造されたデシ５００形５１１はデキ50形51と改称され、６００Ｖ用の電気機関車として晩年は今村（現・新安城）駅の貨車入換や南側にあった紡績工場への引込線で使用され、60年の西尾線昇圧まで活躍した。

前照灯が屋根にあるデキ31。パンタグラフは32よりも中央寄りにある。小幡 1958年7月18日

デキ32は前照灯が前面窓上の妻面にある。西笠松 1959年11月1日

デキ30形

単車からボギー車、再び単車へ 台車を換装し形式を変更

大型単車からボギー台車の電気機関車に改造されたデキ50形（右ページ）だが、デキ52・53はさらに改造が加えられた。

戦時中の1942年にデキ52はボギー台車をサ2170形2171に譲り、元のラジアル台車を履く単車に戻り、デキ30形31となった。台車を譲受したサ2171は車体長10・7mの木造客車で、戦時輸送用に活躍。戦後は竹鼻線の増結用として60年まで活躍した。

さらに戦局が悪化した44年には、デキ53がボギー台車を新川工場製の木造凸型電気機関車デキ850形851に譲ったため、デキ31と同じ単車に戻り、デキ30形32となった。

デキ31は小幡《おばた》駅、デキ32は西笠松駅の貨車入換用として2両とも60年まで活躍した。主電動機の出力はいずれもデキ50形時代から半減されて50HP×2基となり、デキ1より出力の小さい電気機関車となった。

なお、デキ53から台車を譲受されたデキ851は、同時期に鳴海《なるみ》工場で製造されたデキ800形と同様の戦時仕様で、木造車体であった。性能的にはデキ50形と似ており、直接制御方式、直通制動方式のブレーキ、主電動機の出力は同じであった。

西部線などの600V区間で戦中戦後を活躍。54年12月に豊橋鉄道へ譲渡され、66年3月まで活躍した。

前梁部分の手すりが塗り分けられていた時代のデキ104形。1954年（A）

同じくデキ104。1960年撮影で、手すりが塗り潰されている。須ケロ　1960年10月21日

デキ100形

中央部に荷物室がある機関車 電気機器類は国産品を使用

デキ100形は、初代名古屋鉄道初の電気機関車で、1924年と28年に2両ずつ導入された。凸型車体の運転室部分は両端に乗務員室があり、中央部には5トン積載できる荷物室があるため、幅広の扉が設けられていた。

全長は11・43mあり、名鉄の凸型電気機関車の中で最長であった。乗務員扉は後に側面向かって右側のみとなり、左側は窓に改造された。

車体は半鋼製で名古屋電車製作所製、主電動機は東洋電機（TDK）の国産品である。台車は24年製がボールドウィンタイプの日車製78-25A、28年製は住友製ST-43Bである。

登場時は600V用で新川工場を中心に西部線や犬山線で活躍した。48年から49年にかけての1500V昇圧に合わせて改造され、荷物室内に機器類が搭載され、純粋な機関車となった。

デキ101〜103は65年まで活躍し、廃車となったデキ103のST-43B台車は66年製の3730系ク2758に転用された。

デキ104は、66年製の3770系ク2773にST-43B台車を供出し、デキ104には同年に引退したデキ802のMCB-1台車が転用された。

65年から電気機関車の前面部分がゼブラ塗装化され、デキ104も塗色変更されたが、68年に引退となった。

写真ではわかりにくいが、側面の車番の下には東洋紡の社紋が入れられた。デキ110形111　須ケロ　1960年10月21日

デキ110形

専用線を中心に本線も走行
現在も他社で車籍が残る

デキ110形は、犬山線木津用水駅と東洋紡犬山工場を結ぶ専用線用に、1951年に登場した東洋紡の私有電気機関車である。25トンの凸型機関車で、側面の車番の下に東洋紡の社紋があった。専用線のほか犬山線、小牧線、広見線で活躍し、須ケロにも入線した。65年から前面がゼブラ塗装化されてステップが黄色となり、台枠に黄色の線が入れられた。

68年5月に専用線が廃止されて休車の後、同年12月に遠州鉄道に譲渡。翌69年1月から750Vへ降圧改造工事が行われた。塗色は黒一色となり、車番はモハ2から移設された番号が「111」に取り付けられて「211」となった。5月に車籍に入り、ED21形ED213となり、西鹿島線遠州西ケ崎駅で貨車の入換を行った。

ところが、75年3月に事故で機関車が不足した福井鉄道福武線の貨物輸送用に貸与された。当初はED213のまま使用されたが、同年8月に正式に譲渡され、運転台機器の配置と車番を変更。進行方向に正対して運転できるようにマスコンとブレーキ弁が増設され、デキ1形3となった。

貨物輸送終了後はラッセルヘッドを付けて除雪用となったが、98年に不調となったデキ2の代わりに整備が行われて構内入換機となった。名鉄で活躍した機関車では現在も車籍を持つ唯一の現役機関車である。

デキ200形の機械室は正面向かって右側に寄せて設置。左側には乗務員扉があるため、通路に手すりがある。写真はデキ201。大曽根　1958年7月18日

デキ200形

瀬戸線で生まれ、活躍を続けた瀬戸電最後の生え抜き車両

瀬戸電気鉄道の貨物輸送は開業以来、セルポレー式蒸気動車や電車、電動貨車で行われていた。その後、取扱量の増加により1927年から導入された電気機関車がデキ1形である。2両が製造され、39年の名鉄合併後にデキ200形と改称された。

30トン級の凸型電気機関車で、当初は集電ポールを2本備えていたが、後に大型のパンタグラフに交換された。1960年代には小型のパンタグラフに交換され、機械室の上にあった前照灯は屋上に移設された。また、機械室前面に書かれていた車番表記は小型化された。

車体は名鉄デキ300形と似ており、機械室は正面向かって右側に寄せられ、乗務員扉がある左側は運転室へ至る通路とされ、手すりが設けられた。手すり部分は1950年代に塗り分けられていたことがあり、後に台枠部分にも線が入った。

65年から機械室の前面が警戒色化され、ここに書かれていた車番はさらに小型化されて運転室妻面の右窓上に移った。

瀬戸電が出自の最後の車両として、77年の瀬戸線昇圧まで活躍。昇圧直前に貨物輸送が終了し、1500Vの昇圧改造を受けることなく、新車の搬入作業を花道に活躍を終えた。

現在、デキ202が瀬戸市民公園で保存されている。

デキ251が無動力のデワ1003と貨車を牽引する貨物列車。小牧原　1959年5月15日

デキ252が牽引する貨物列車。堀田　1957年12月2日

デキ250形

昇圧を境に運命が分かれた2両の電気機関車

戦後、名鉄八百津線の終点・八百津駅西側の丸山ダム建設工事が再開された。この現場近くの錦《にしこ》織《おり》倉庫へ建設資材を運搬するため、関西電力が2両導入したのが日立製の30トン級凸型電気機関車で、モ250形251・252として1952年に登場した。前面は2枚窓、全溶接工法で作られた機械室や運転室は、隅にRが付いていた。54年に建設工事が終了した後は、2両とも名鉄に譲渡されてデキ250形となった。

252は昇圧工事を受けて本線・犬山・常滑線などで68年5月まで使用された。65年以降は機械室前面がゼブラ塗装化されたが、車番の位置は変更されなかった。

一方、昇圧改造がされなかった251は、600Vで残っていた小牧・広見線で使用された。両線の昇圧後は66年頃から600Vの瀬戸線に転属し、機械室の前面がゼブラ塗装化された。その際、前面にあった車番は正面から見て右窓上に移設された。

その後休車となるが、68年に北恵那鉄道へ活躍の場を移した。しかし、貨物の輸送量は電車の牽引で十分なため、中津町駅構内の入換に使用され、78年9月の廃線後は保存されたものの、数年で解体された。

なお、搬出時には搬出場所まで自力回送され、この時初めて本線を自走して木曽川を渡った。

機械室前面に大きく車番が書かれたデキ300形302。妻面には乗務員室扉を含め3枚の窓が並ぶ。　土橋　1958年3月31日

前面の車番は機械室の向かって右上に小さく書かれたデキ300形306。妻面の窓は3枚だが、運転室の窓は拡大された。(A)

デキ300形

三河線の主力機関車
1両が舞木検査場で現存

デキ300形は、三河鉄道の電化に合わせて、キ10形10〜15として登場。外観は同時期に製造された600Vの瀬戸電デキ1形（後のデキ200形）と窓や機械室、通風口の数や位置が似ている。10と11は1926年1月に日本車輌で、12、13は翌27年8月、14は29年9月に三菱造船所で製造された。15は28年三菱造船所で一畑《いちばた》電気鉄道向けに製造されたが、36年に三河鉄道に譲渡された。41年に名鉄と合併し、キ10形はデキ300形301〜306と改称された。

デキ301〜306の間で外観と自重は異なるが、出力は同じである。外観の違いは、最初の2両は前面窓が3枚だったが、後の4両は2枚となった。65年以降は機械室前面にゼブラ塗装が施され、ここに書かれていた車番は運転室の正面向かって右の窓上に書かれるようになった。

デキ301、302、304は84年までに引退し、デキ302は豊田市の鞍ケ池公園に保存されたが2003年に解体された。

残ったデキ303、305、306は1993年度に特別整備を受けて車体更新され、尾灯が角型化され、車体色が青色に変更された（写真は132ページ参照）。これらの3両は砕石輸送などの工事列車を中心に2014年まで活躍した。デキ303は車籍を失うも、舞木《まいぎ》検査場で入換用として現存している。

三河吉田（現・吉良吉田）駅で有蓋車の入換作業を行うデキ360形361。前面窓は固定窓に改造されている。1960年2月28日

デキ360形

名鉄が保有した
最古の凸型電機
現在も1両が保存

デキ360形は、愛知電鉄が初めて投入した半鋼製の凸型電気機関車で、1923年に1両、25年に2両が日本車輌で製造された。電気装備品はウエスチングハウス製の輸入品である。デキ360形360〜362として登場し、名鉄合併後の49年に360は363に改番された。

23年落成時の愛知電鉄360の写真からは、集電装置にポール2本を持ち、連結器は自動連結器と連環連結器、その両側に緩衝器を備えている。また、機械室の通風器はなく、運転室妻面の左右の窓は小判型をした縦長の窓で、回転して外気を取り入れられる。これらは後に集電装置はパンタグラフ、連結器は自動連結器のみ、左右の窓は四隅のRが大きい四角い固定窓に改造された。

600V区間専用車として361と363は西尾線などで貨物輸送に従事。363は60年に瀬戸線へ移り、65年まで入換などに使用された。西尾線に残った361も後に瀬戸線に移り、先代363の引退後に363と改番された。新363は65年から機械室前面がゼブラ塗装化され、67年まで活躍した。

一方、362は50年に渥美線所属となり、54年に豊橋鉄道へ譲渡。97年7月の昇圧まで活躍した。現在は愛知県田原市のサンテパルクたはらに保存されている。

デキ370形371は、米国ボールドウィンで製造された。車番は変更されなかった。神宮前　1958年10月21日

デキ370形377は、主に東部線で使用された。堀田　1957年12月2日

デキ370形

最大勢力の9両が在籍
本線から入換まで幅広く活躍

デキ370形は、愛知電鉄が1925～29年に370～379の9両を導入した。愛知電鉄の付番方法に従い、375が欠番であった。25年1月に輸入された米国ボールドウィン製の370・371は、岡崎線（神宮前～東岡崎間）昇圧前のため、600V／1500Vの複電圧車で、集電装置はポールとパンタグラフの両方を備え、連結器は自動連結器と連環連結器・緩衝器を備えていた。

26年に登場した372以降は日本車輌製で1500V専用となったが、電気装備品はウエスチングハウス製である。名鉄合併後に370は372、372は374、374は欠番の375となった。この結果371～379となり、西部線昇圧後は371～374は西部線、375～379は東部線を中心に運用された。

65年に前面がゼブラ塗装になったが、貨物の減少で同年11月に372、68年5月に371、373、377、10月に374が引退。67年から375、378が新川工場、379が鳴海工場の入換用となった。

1978年、瀬戸線の昇圧に伴い375と376が転属したが、375は84年に引退。379は94年に特別整備されて青色の車体色になり、96年5月に瀬戸線へ移った。378は、97年に舞木検査場に転属。3両は2007年まで活躍した。

デキ400形401。パンタグラフは1基になっている。前面窓下のふくらんだ部分が砂箱。昇降ステップはひさしにつながり、その上にカーブしている。神宮前西口　1959年11月29日

デキ400形

2016年まで活躍した最後の愛電出身の機関車

愛知電鉄では、デキ４００形として１９３０年に４００、翌年に４０１の２両を日本車輌で製造。本格的なデッキを持つ、愛電初の箱型電気機関車であった。現在の最新鋭機ＥＬ１２０形もデッキを持たないため、名鉄では唯一のデッキ付き機関車である。

車体前面に大型の砂箱や窓のひさしを備え、助士側のひさしに続く昇降ステップや屋上の大型ベンチレータが外観の特徴であった。

登場時はパンタグラフを2基搭載したが、後に1基が撤去された。

名鉄発足後は４００が４０２と改番され、東部線や三河線などで活躍した。なお、４０１は一時期、三岐《さんぎ》鉄道や岳南《がくなん》鉄道に貸し出された。65年のゼブラ塗装化では、車体の前面ではなく、台枠の車端部がゼブラ塗装化された。

93年に特別整備が行われ、尾灯は角型化され、車体色は黒から青に変更された。側板のリブはなくなり平滑化されたが、屋上のリブは残されていた。前面の砂箱、昇降ステップや屋上の大型ベンチレータなど、デキ４００形の外観上の特徴も残された。

デキ４０２には日本車輌の楕円形の製造銘板が残され、銀色に磨き出されて遠目でも確認できた。

愛知電鉄出身の最後の車両として、レールや砕石輸送用の貨車などを牽引して活躍を続けたが、ＥＬ１２０形に役割を譲り２０１６年に引退した。

ここまでに紹介した凸型機と比べて前後の機械室が小さく、運転室部分が大きいデキ500形501。鳴海　1958年5月28日

デキ500形

名鉄から岳南鉄道に渡り40年以上も貨物輸送に活躍

デキ500形は、上田温泉電軌(現・上田電鉄)が1928年にデロ300形301として川崎造船所で製造した電気機関車。類似形状の機関車は小田原急行電鉄(現・小田急電鉄)の1形(後のデキ1020形)や武蔵野鉄道(現・西武鉄道)のデキカ20形(後のE21形)がある。いずれも川崎造船所製で設計を共通化しており、重量は40トン級である。

これまでの凸型電気機関車に比べ、機械室内に収まっていた機器類の多くが運転室に収められ、運転室前後の機械室が小型化されたのが特徴である。形態は凸型と箱型の中間といえる。

上田温泉電軌ではデロ301形が活躍できるほどの輸送需要が見込めなかったため、最終的には40年3月に名古屋鉄道に譲渡された。名鉄ではデキ500形501となり、当時最強の電気機関車であった。登場時はパンタグラフが2基だったが1基化され、東部線を中心に活躍した。65年から機械室前面がゼブラ塗装化され、車番は向かって右の運転室窓上に小さく表記された。

69年に岳南鉄道に貸し出され、翌70年に譲渡された。岳南鉄道ではED50形ED501と変更されたが車体の表記はそのままで、2基パンタ化されて2011年度の貨物輸送終了まで活躍した。岳南電車に引き継がれたが、15年に廃車となった。

多くの私鉄に導入された、東芝製の戦時標準型電気機関車の一つ。凸型だが機械室が大きく、見るからに強力そうだ。デキ600形602　岡崎　1958年1月5日

デキ600形

名鉄最大の出力を誇る 東芝の戦時標準型

デキ600形は、東芝が戦時中に製造した私鉄標準型の40トン級の凸型機関車である。1943年7月に601・602が登場。デキ500形と同じ名鉄最強の出力を生かして貨物輸送のほか、戦時型客車4両を牽引して軍需工場の最寄り駅へ通勤輸送も行った。乗務員扉は名鉄の電気機関車では珍しく側面にあり、これは戦時型電気機関車3形式にも引き継がれた。

東芝の戦時標準型電気機関車は42年から戦後の48年まで製造され、同型機は南海など多くの私鉄に存在した。603と604は、中国の海南島にあった日本窒素の工場向けに4両が製造されたが戦況の悪化で輸送できず、45年に名鉄が購入。残りの2両は46年に東武鉄道が購入した。

東部線の主力機として活躍し、65年の機械室前面のゼブラ塗装化により、車番は正面向かって右側の窓上に小さく表記された。83年の貨物輸送終了後は、保線資材やレール輸送が主な任務となった。4両とも92年に特別整備が行われ、車体塗装は黒から青に変更。2015年にEL120形と交代するまで活躍した（写真は132ページ参照）。

なお、名鉄ではデキ600形を参考に、電車の走行装置などを転用した木造車体の電気機関車デキ800形やデキ850形、全鋼製のデキ900形が戦時型として登場した。

機械室の前に「試」の表示板を掲げたデキ800形801。機械室側面の通風口は、2列に縦長のものを3組配する。豊明 1958年2月26日

デキ800形

電車の機器を転用し 鳴海工場で製造

デキ800形は、デキ600形を手本として、鳴海工場で製造された1500V用電気機関車。1944年の4月に801、6月に802・803が登場した。なお、600V用にはデキ850形851が、同年に新川工場でデキ800形と似た仕様で製造された。

車体は戦時仕様をさらに徹底して木造とされ、デキ600形と同様に運転台の乗務員扉は側面に設けられた。走行装置や電気部品は、碧南電鉄から引き継いだモ1011〜1013の主電動機などが転用された。台車はブリル27-MCB-1で制御器はウエスチングハウス製、主電動機はドイツのアルゲマイネ製で50kW×4基を装備したが、非力であった。

戦後、801の制御器は三菱製に交換され、主電動機は80kW×4基に換装。802・803は、制御器は変更されず、主電動機が60kW×4基に換装された。機械室の通風口は、802・803は片側の側面中央部に2カ所配置されているのに対し、801は2列×3カ所と車両によって異なる。

801は西部線用を経て新川工場の入換車となり、802は鳴海工場の入換車、803は901とともに築港線で客車牽引などに従事した。803は60年まで、801・802は66年まで活躍。その後、801の台車はデニ2001に、803の台車はデキ104に転用された。

現在パレマルシェ神宮店となっている、かつての神宮前駅の西口構内に憩うデキ900形901。神宮前　1958年6月16日

デキ900形

小型だが高出力
全鋼製戦時型機関車

デキ900形は、戦況が悪化して物資不足が進む中、1944年に登場した日本鉄道自動車工業（現・東洋工機）製の凸型機関車。戦争末期の製造だが車体は全鋼製であった。

走行装置は国電モハ1形の部品を転用し、制御機器はウエスチングハウス製、台車はTR14である。主電動機は手持ちのGE製を使用し、125HPを4基備えていた。これはデキ400形と同じ出力である。

自重はデキ400形の40トンに対し、凸型で軽量なため粘着力が不足し、死重のコンクリートを搭載して35トンとされた。同時期に登場した国鉄の凸型機関車EF13形が、粘着力を増すためにコンクリートの死重を搭載したのと同じである。

全長は戦時型の木造電気機関車デキ800形やデキ850形の10070㎜に対し、デキ900形は9290㎜とひと回り小さいが、デキ800形が当時搭載していた主電動機出力と比べ倍近い高出力を誇った。50年頃に車番は向かって右側の運転席窓上に小さく書かれていたが、1950年代半ばには機械室前面に大きく書かれるようになった。

貨物の牽引のほか、デキ803とともに客車を挟んで築港線でプッシュプル運転を行った。晩年は大江駅に常駐となり65年まで活躍した。

写真のデキ1000形1001は電気機関車改造後の姿。車体中央の大型の荷物扉はそのまま残されていた。西尾車庫　1958年6月10日

デホワ1000形➡デキ1000形

荷室を備えた木造電動貨車 一部は戦時中に旅客車化

貨物・手小荷物輸送用に、尾西鉄道では木製の有蓋電動貨車デホワ1000形を導入。1924年に4両、翌25年に2両が日本車輌で製造された。6両とも同じ11m級車体だが、24年製は主電動機が三菱製で台車がブリルMCB-1、25年製は主電動機がウエスチングハウス製で台車はブリル50-Eと異なる。登場時は中央にパンタグラフ、前後に集電用ポールを搭載。後にポールは撤去されパンタグラフは端に移動されたが、1002だけは中央のままだった。

名鉄合併後の41年にデワ1000形と改称。戦時中の44年には客車不足を補うために1003・1004がモ1300形1301・1302の旅客電車に改造された。側面の荷物扉を中心に窓が左右に3枚ずつ設けられ、車内に座席がない定員80人の戦時輸送用の車両である。

終戦後はデワ1000形に戻され、54年頃に荷物室内に空気圧縮機などが搭載されて電気機関車デキ1000形1001〜1006に改造された。晩年は1001が西尾線、1002〜1006が広見・小牧線で活躍。1001と1004は60年、1003と1006は63年、1002と1005は64年に引退。1003はその後、北恵那鉄道に移り、中津町駅構内の入換作業や中津町〜山之田川間の区間貨物列車を担当し、72年まで活躍した。

荷物電車が貨車の先頭に立っているように見えるデキ1500形
1502。須ケロ　1957年12月2日

デホワ1500形 ➡ デキ1500形

電動貨車出身の電気機関車 台車は1980年代まで残る

名岐鉄道の木造有蓋電動貨車デホワ1500形として、1501・1502の2両が1934年4月に日本車輌で製造された。車体と台車は2両とも同じだが主電動機が異なり、1501が東洋電機製造製の80HP×4基、1502がウエスチングハウス製の65HP×4基である。先輩格の有蓋電動貨車、尾西鉄道のデホワ1000形と比べると車体は500㎜ほど短く、前面は平妻である。

名鉄発足後はデワ1500形となり、48年に電気機関車デキ1500形に改造された。52年に昇圧改造を受け、西部線を中心に66年4月まで活躍した。写真では3両連なる貨車の向こうにもパンタグラフを上げた有蓋電動貨車が見え、入換中と思われる。もちろん、本線で貨車を単機で牽引することもあった。

66年12月に作成された装備台車の一覧表によると、1501の台車D-14は64年に3730系のク2748へ、1502の台車D-14は65年にク2759へ転用された。台車が転用された当時、デキ1500形は現役で、別の台車に履きかえた。

その後、元東急の3880系が85年に引退し、モ3880形のKS-33台車がク2784・ク2785に、この2両が履いていたNT-31台車をク2748・ク2759に交換。これにより、デキ1500形の名残は消えた。

デワ1形の車体がよくわかる写真。アオリ戸と屋根の間は、斜めにアングル材を入れて補強されている。尾張瀬戸　1958年7月18日

尾張横山駅で貨車の入換に使用されたデワ2。瀬戸線を離れずに1960年まで活躍した。パンタグラフがデワ1よりも中央に設置されている。1958年7月18日

テワ1形 ➡ デワ1形

無蓋貨車に屋根を付けた名鉄最小電動貨車

瀬戸電気鉄道が1920年に名古屋電車製作所で製造した木造電動貨車テワ1形は、2軸単車で、全長は電動貨車で最も短い7・4mである。

側面は無蓋車の「ト」のようなアオリ戸があるが、上側は屋根まで何もない。屋根は妻板と側面にある合計6本の柱で支えられ、柱と屋根の接合には、変形しないように斜めにアングル材が渡されて補強されている。前面は平妻の3枚窓で乗務員扉はなく、運転台は吹きさらしであった。

走行装置は07年に登場した瀬戸電の営業用電車テ1形3・4を電装解除して転用している。電装解除後のテ1形の車体はレ3・4を経て名鉄合併後はサ10形11・12となり、57年まで活躍した。

転用された主電動機は37HP×2基で、出力は電動貨車の中で最も小さく、荷物は3トンまで積載可能であった。登場時は屋根の中央に設置された1本ポールで集電を行い、後にパンタグラフに交換された。

名鉄合併後にデワ1形となり、写真のようにデワ1は尾張瀬戸駅で、デワ2は尾張横山（現・新瀬戸）駅で貨車の入換に使用された。どちらも瀬戸線を離れることなく、60年まで活躍した。デワ2は、パンタグラフがデワ1に比べて中央寄りに搭載されているのが特徴である。

路面電車の岐阜市内線で使用されたデワ20形。5両が製造されたが、戦後まで残ったのはデワ20形22のみである。1956年2月20日（A）

2軸単車の小さな路面電車で、有蓋電動貨車だったことがよく分かるアングル。デワ20形22　新岐阜車庫　1959年11月1日

デワ600形 ➡デワ20形

岐阜市内線や美濃町線で戦後も活躍した荷物電車

デワ20形は、2005年3月まで存在した岐阜市内線や美濃町線などの軌道線で使用された木造有蓋電動貨車である。

1922年に美濃電気軌道が名古屋電車製作所で製造した2軸単車で、デワ600形601〜605が登場。台車はブリル21－Eで主電動機はデッカー製の50PSを2基搭載した。

全長は7・5mで、瀬戸線のデワ1形と似た小型車体。車体の中央部に荷物用扉が1カ所あり、有蓋貨車に運転台を取り付けた形をしている。乗務員扉はなく、荷重は3トンである。集電装置は1950年代半ばまで中央のポール1本で集電を行っていたが、後にビューゲルに交換された。

その後、荷物輸送の減少によりデワ603〜605は電装解除されて貨車のワフとなった。35年8月に名古屋鉄道となり、41年に残る2両のデワ600形はデワ20形21・22に改称されたが、21は空襲で被災し、53年9月に廃車となった。22は戦後も使用され、軌道線で唯一の木造有蓋電動貨車として64年10月まで活躍した。

なお、単車の荷物電車はほかにも岡崎市内線用のデワ10形11・12があった。27年に伊那電気鉄道松島工場で製造され、荷重は5トン。集電装置は1本ポールだったが後にビューゲル化された。自動連結器を備えて貨車も牽引し、62年の廃線まで活躍した。

記録が少ない名鉄の貨車

最盛期だった1950年代の名鉄の貨物輸送

1965年の名古屋臨海鉄道開業とトラック輸送の発展で、名鉄の貨車は物流輸送の主役を譲ったが、55年の『車両配置表』からは名鉄の貨車の繁栄ぶりが伝わる。

当時は無蓋貨車を474両、有蓋貨車を395両、合計869両の貨車を保有していた。名鉄では最大で無蓋貨車481両、有蓋貨車405両を保有していたので、ほぼ全盛期の姿といえる。配置表には線名と担当する工場名、所属する貨車の種類が書かれ、名鉄独自制度の私有貨車も含まれる。

東部線は鳴海、西部線は新川、揖斐線は岐阜、三河線は刈谷、瀬戸線は喜多山の各工場が担当し、軌道線の美濃町線は岐阜、岡崎市内線は刈谷の工場が担当した。

貨車は無蓋貨車、有蓋貨車の2種類に分類され、無蓋貨車はト、トム、トキ、トラ、トフ、チ、チキの7種類、有蓋貨車はツ、ツム、ワ、ワム、ワフの5種類の形式記号があった。形式記号に続き複数の形式番号があり、全体では数十形式の貨車が存在していた。

一方、軌道線の貨車は少なく、美濃町線は無蓋貨車トブ61が1両、岡崎市内線は無蓋貨車トブ32と有蓋貨車ワフ45の2両のみである。なお、軌道線の「トブ」は「トフ」に含まれている。

50年代後半の貨車の写真には、開業当時からの貨車や戦時型の貨車も見受けられ、非常に貴重なものである。

1968年まで存続した独自の私有貨車制度

名鉄には、国鉄と異なる独自の私有貨車制度があった。国鉄の私有貨車は、荷主がタンク車などの用途が限定される貨車を所有し、国鉄に車籍を編入した貨車である。

一方、名鉄の私有貨車はワムやトラなど汎用性のある貨車を荷主が所有し、名鉄に車籍を編入した貨車である点が異なる。

貨車輸送の全盛期、繁忙期は貨車の確保が難しかった。そこで、いつ配車されるか分からない貨車を待つより、荷主が貨車を私有することで確実に発送できることを望んだために生まれた制度である。

22年に常滑運送店が愛知電鉄にワ610形を編入したことに始まり、制度が名鉄に引き継がれた。

61年以降は国鉄直通貨車に空気制動設備が必要となり、さらに68年10月の国鉄ダイヤ改正では、直通する2軸貨車は走行装置に二段リンク式バネツリ装置の設置が必要となった。そのため、貨車の私有が困難になり、名鉄の私有貨車制度は68年10月に終了した。

名鉄の社有車ではワム6000形だけが二段リンクを備えており、68年10月のダイヤ改正以降も国鉄に入線できた。その後は社有車が名鉄線内のみで使われ、国鉄に直通する場合は、ワム6000形を除いて国鉄から入ってくる貨車を使用した。名鉄の貨物輸送は83年12月末に終焉《しゅうえん》を迎えた。

ワ170形①

ワ170形のトップナンバー171で、両側にも同形式が停車する。荷重10トンの国鉄ワ1形より小さく自重4・77トン、荷重8トンの小型2軸木造有蓋貨車である。

側面に木製の外吊り式片引き戸があり、引き戸に名鉄の社有車を示す社章と名古屋鉄道を表す「名古屋」、「鳴海駅常備　車輌部専用車　東部線専用車」と大きく書かれている。なお、形式番号標記上の「十」はブレーキシリンダーの制動筒がないことを示す。

　奥のワ173は、台枠付近にステップが車長全体に設置され、明治生まれの雰囲気を残す。

ワム500形533 ②

　ワム500形は荷重15トン、自重8・55トンで国鉄のワム1形に相当する。妻面に通風器が1カ所設けられ、引き戸は鋼製である。引き戸を挟んで両側の側板には斜めに1本ずつ帯板が取り付けられて、補強がされている。

①ワ170形171
鳴海工場　1958年5月29日

　また検査標記には刈谷工場を示す「刈谷工」の文字が読める。側面には「刈谷駅経由三河線専用車」と書かれており、形式番号標記下の二重下線は国鉄線乗り入れ可能の国鉄直通車を示す。

　三河鉄道から承継された2軸木造有蓋貨車で、本形式は延べ30両が名鉄独自の私有貨車に指定されたが、本車両は指定されていない。

ワム500形523 ③

　こちらも三河鉄道の承継車で、私有貨車には指定されていない。大正時代に製造されたものと思われ、妻面の車端部にバッファー連結器を撤去した跡がある。

　側板は「ワム533」のような斜めに通る帯板の補強はなく、原型に近い姿を残している。

　撮影当時は制動筒を備えた国鉄直通車であった。68年10月に国鉄で貨車の最高速度が引き上げられたが、名鉄ではこれらの車両は車齢が高いために二段リンク化の改造は見送られた。

②ワム500形533
岩津

ワ610形 ④

　愛知電気鉄道から承継した2軸木造有蓋貨車で、荷重15トンの国鉄ワム1形を12トンに小型化した貨車である。ワム1形と異なり引き戸は木製で、側板には斜めに帯板が付けられて補強されている。

　引き戸には「熱田駅経由東部線専用車」と「常滑通運専用車」と書かれ、私有貨車であることがわかる。この会社は戦時中に常滑周辺の中小運送業者を統合して誕生した会社で、22年に愛知電鉄と初めて私有貨車制度の契約を結んだ常滑運送店を中核としていた。68年に私有貨車制度が終了するまで私有貨車を所有していた。

③ワム500形523

④ワ610形658
神宮前西口　1959年11月29日

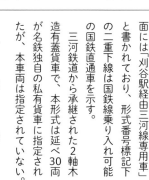

⑤ワム5200形5229
西尾　1958年6月10日

ワム5200形 ⑤

40年から製造された荷重15トンの2軸有蓋車ワム50000形の名鉄版である。東部線専用車で番号の下に二重下線があることから、撮影当時は国鉄直通車であった。38年から鋼製車体のワム23000形が製造されたが、戦争の影響で鋼板が不足し始めた。そのため同じ荷重で外板などを木製とした戦時仕様の貨車がワム50000形として製造された。

引き戸は鋼製だが妻板や側板が木製となったため、妻板は鋼製の

⑥ワフ30形39
神宮前　1959年12月13日

帯板、側板は鋼製の帯板とアングルで補強して強度を上げている。

名鉄のワム5200形は後に外板を鋼体化して、事故救援車としても利用された。

ワフ30形 ⑥

ワフ30形は荷重6トンの2軸木造有蓋緩急車である。55年当時、名鉄にワフは8形式あり、合計38両が在籍していた。

2枚の後方監視窓や尾灯があり、向かって右側の尾灯の上部にある半円筒状の突起物は、手ブレーキ用のブレーキハンドルカバーであ

⑦ツ600形602
神宮前西口　1959年11月29日

る。写真では制動筒から手ブレーキにつながる鎖が一直線に伸びているので、手ブレーキが掛かった状態だと分かる。側面には名鉄線内のみで使用される「東部線専用車」と書かれている。

ツ600形 ⑦

青果物輸送用の通風車で、荷重12トンの東部線専用車である。55年当時、通風車は東部線用のツ600形が8両在籍していた。601～610のうち、606と608は「欠」となっている。

ほかに東部線用のツム5500

⑧ト1形30
神宮前　1959年12月11日

形が10両在籍していたが、東部線以外に通風車の配置はなかった。

名鉄の「ツ」のうち、「ツ80」は北海道の尺別《しゃくべつ》鉄道でスノープラウを付けた雪掻《ゆきかき》車に改造されて70年の廃止まで使用された。書類上は国鉄ワ5433が払い下げられてワ14としたとされているが、台枠に名鉄所属の文字が書かれていた。恐らく戦後の混乱で渡ったものと思われる。

ト1形 ⑧

12年から製造された瀬戸電気鉄道の2軸木造無蓋貨車で、自重

5・65トン、荷重10トンである。55年当時の所属は瀬戸線だが、撮影時の59年12月には「西部線専用車」と書き直されている。車番の下が新たに塗り潰されたような横線が入っており、国鉄直通車を示す二重線が書かれていたと思われる。

検査標記は56年11月に「喜多山工」で実施されたことが書かれており、それ以降に当時線路がつながっていた中央本線大曽根、東海道本線熱田を経由して転属してきたことが考えられる。

撮影場所は東部線の神宮前だが、西部線の貨車も頻繁に出入りしていた

ト100形 ⑨

荷重7トンの2軸木製無蓋貨車で、西部線専用車である。西部線の貨車は、東部線にも頻繁に出入りしていたので、東部線の鳴海に姿を見せてもおかしくはない。

55年当時は28両在籍しており、車輪の松葉スポークは歴史を感じさせるが、当時はまだ現役である。

撮影は、現在高架駅となった鳴海駅の南口ロータリーあたりである。検査標記は「刈谷工」で刈谷工場は全線の貨車の検査修繕を行う工場であった。

ト200形 ⑩

ト200形は、愛知電気鉄道で12年に登場した2軸木造有蓋貨車を、24年頃に木造無蓋貨車に改造したものである。荷重は10トンで、55年当時は32両が在籍し、全車が東部線専用車であった。

車両は制動筒を備えていないが、車番の下には国鉄直通車を示す二重線が引かれている。61年4月の通牒で、国鉄直通車には空気制動の設置が義務付けられ、制動筒のない貨車は国鉄直通車から外された。同じト200形の246は営業用貨車の役目を終えると鳴海工場、舞木検査場の控車として2007年まで使用され、現在は貨物鉄道博物館で保存されている。

ト300形 ⑪

荷重10トンの2軸無蓋貨車で、1955年当時は西部線専用に10両が在籍し、三河線用に10両が在籍していた。同じ荷重10トンのト200形よりアオリ戸や妻板が低いが、妻板からアオリ戸まで鋼製のため、ズラリと並んだリベット

⑨ト100形109
鳴海　1958年5月1日

⑩ト200形206
三河知立　1959年12月9日

⑪ト300形304
鳴海　1958年5月1日

⑫ト400形409
鳴海工場　1957年12月2日

がいかめしい。

自重はト200形の5・8トンよりも少し重い5・89トン。検査は標記から56年11月に担当工場である新川工場が行われたことが分かる。この車両も制動筒を備えていないが、車番の下には国鉄直通車を示す二重線が引かれている。

重量物の運搬に使われ、戦時中は尾西線で供出される梵鐘を運んだこともあった。

ト400形 ⑫

三河線専用の10トン積2軸木造無蓋貨車で、55年当時、三河線に

⑬トフ1形5
鳴海　1958年5月1日

は17両、西部線には6両が在籍していた。妻面にはバッファー連結器の跡がある。車輪にスポークはなく、妻板やアオリ戸が低いため粘土や瓦などの重量物の輸送に使用されていた。車体に制動筒はなく、車番の下に二重下線がないことから名鉄線内専用車である。

検査は標記から57年9月に刈谷工場で行われたばかりだと分かる。なお、三河鉄道時代から車両整備工場であった刈谷工場は、56年以降は貨車専門工場となり、68年まで稼動した。

⑭チ30形31＋ト150形152
神宮前　1958年6月16日

トフ1形 ⑬

西部線専用の2軸木造無蓋貨車で、制動筒のない名鉄線内専用車である。55年当時はトフ1形1〜5が全車西部線用として在籍していた。自重5トン荷重7トンで、ト1形30と比べて小型である。

形式標記には「フ」とあるが車掌室はない。左奥に上に突き出た手ブレーキがあり、こちらで操作して右側の車輪にブレーキをかける構造である。左側の車輪にはブレーキがなく、右側の車輪の片側1カ所のみ制輪子が取り付けられ

⑮チ14＋チ82＋チ81＋チ22＋チ21ほか
堀田　1958年7月12日

ている。松葉スポーク車輪を履いた、明治生まれの車両である。

チ30形＋ト150形 ⑭

写真は西部線専用の長物車ト150形152とチ30形31である。形式記号の「ト」は本来、無蓋貨車の意味である。長物車に改造されているが、形式記号は変更されていない。長物車は車体の中央に回転可能な荷受け台があり、2両1組で木材やレールなど長物の運搬に使用された。

2両とも制動筒はなく、ト152にはブレーキ装置もない。チ31

⑯トム1100形1113
東岡崎　1958年6月14日

にブレーキ装置があり、2軸のうち右側1軸の片側だけ制輪子が設けられている。足踏み式ブレーキが写真の反対側にあると思われる。車輪は松葉スポークで、明治の面影を残している。

チ10形＋チ80形⑮

55年当時、長物車は全部で12両在籍。東部線用のチ10形4両、チ20形2両、チ80形2両、西部線用のチ30形4両があり、この写真に半分以上が写っていることになる。ただし、ト152のように改造された車両もあった可能性はある。

⑰トム800形849
挙母　1958年4月16日

車両の中央にある荷受け台には会社名を示す「名古屋」、反対側に「テ82」など車番が標記されている。長物の積載時は、荷受け台の両端に棚柱を立てて荷崩れを防ぐ。また長物は2両に渡って搭載されるが、曲線を通過するときは荷受け台が回転するため、長物を曲げずに輸送することができる。

トム1100形⑯

荷重15トンの2軸木造無蓋貨車で、40年に登場した国鉄トム11000形とほぼ同形の戦時型車両である。東部線専用車として20両が在籍し、60～62年まで2両が私有貨車として指定された。

トム11000形は、38年に登場した荷重15トンの鋼製無蓋車トム19000形から、不足した鋼板部分を木製化した車両である。

国鉄トム11000形は、後に払い下げられて名鉄トム1100形となった。このうちの5両は48年から68年まで私有貨車とされた。55年当時の在籍車は3両のため、以降も払い下げは続いたことが分かる。

⑱トム1000形1020砂利散布試験車
1958年7月12日

トム800形⑰

荷重15トンの2軸木造無蓋車で、国鉄トム5000形と同形車である。三河鉄道から承継した三河線専用車であるが、55年当時は東部線に18両、西部線に10両、三河線に70両が在籍していた。

側板は中央に鋼製の観音開き扉があり、木製の側板は下半分がアオリ戸となっている。車端部にバッファー連結器の跡が残る。

戦前は一部の車両が改造され、ト700形、トム800形、トム900形の3形式に分かれていたことがあった。60年から制度が終了する68年まで、延べ36両が私有貨車に指定されたが、写真の車両は指定除外車である。

トム1000形⑱

2軸木造無蓋車トム1000形を改造した砂利散布試験車である。アオリ戸の裾部にアングル状の鋼板を設け、鋼板を上下することでバラストの散布量を調整する仕組みである。鋼板上部からリンクを介して、左端の操作室までつながっている。操作室には左斜め上に伸びた棒に小さく切ったレールが付いているが、散布量調整用のバランサーと思われる。

本来の形式記号はホッパ車を示す「ホ」だが、トム1000形のままである。後に量産型として2軸無蓋車トム900形を改造してホ1形1～6が登場した。

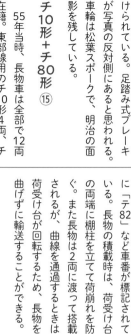

あとがき

原稿を書き終え、豊橋鉄道へ元名鉄市内線の車両を見に行きました。豊橋への往復は名鉄の特別車で、快適なひと時を過ごしました。

帰りの車内で3号車のトイレに行ったのですが、使用中のため1号車の座席に戻りました。しばらくして車掌さんが来られ、「トイレが空きました」とのこと。展望席でない1号車の普通座席でしたが、よく覚えていただいたと感心しました。新幹線や在来線の特急などに何度も乗りましたが、ご案内いただいたのは初めてで、心遣いに正直驚きました。

コロナ禍の中、多くの公共交通機関が大量輸送という役目の存続を危ぶまれています。このような気遣いのできる従業員がおられる名古屋鉄道は、何らかの打開策を見出して乗り越えられるものと信じております。

さて、本書は多くの写真と車両の解説を掲載しましたが、古い車両は資料も少なく、聞き取り調査も十分にはできませんでした。そのため解説は不十分な点もあると思いますが、今後も調査を重ねていきたいと考えてます。

また、1960年代以降の写真は多くの方にご協力をいただきました。特に澁谷芳樹さん、辻和宏さんには多くの写真をご提供いただき、感謝の念に堪えません。また、岐阜の林様のカラー写真を何点か掲載しました。林様からはお父様が撮影されたとお伺いしましたが、肝心のご連絡先をお聞きしておりませんでした。もし本書をご覧になられましたら、お手数ですが出版社の天夢人《テムジン》、またはリトルジャパンモデルスまでご連絡ください。

最後に、本書の作成に携わっていただいた多くの皆さまに心から御礼を申し上げます。

2021年2月　小寺幹久

編集
林 要介
（「旅と鉄道」編集部）

ブックデザイン
天池 聖（drnco.）

校閲
武田元秀

写真協力

澁谷芳樹（Si）
辻 和宏（Ts）
丹羽信男（Ni）
長尾 浩（Na）
足立健一（A）
大友孝敬（Ot）
辻阪昭浩（Ta）
児島眞雄（Ko）
PIXTA（PX）

特記以外は著者所蔵

小寺幹久（こでら・みきひさ）

京都府出身。鉄道模型メーカーのリトルジャパンモデルス、鉄道写真集や鉄道模型資料を発行するリトル出版を主宰する。

旅鉄BOOKS 040

名鉄電車ヒストリー

2021年3月22日　初版第1刷発行
2021年5月 2 日　初版第2刷発行

著　者　小寺幹久
発行人　勝峰富雄
発　行　株式会社天夢人
〒101-0054　東京都千代田区神田錦町3-1
https://temjin-g.com/
発　売　株式会社山と溪谷社
〒101-0051　東京都千代田区神田神保町1-105
印刷・製本　大日本印刷株式会社

●内容に関するお問合せ先
天夢人　電話03-6413-8755

●乱丁・落丁のお問合せ先
山と溪谷社自動応答サービス　電話03-6837-5018
受付時間　10時-12時、13時-17時30分（土日、祝日除く）

●書店・取次様からのお問合せ先
山と溪谷社受注センター　電話03-6744-1919　FAX03-6744-1927

Printed in Japan
ISBN 978-4-635-82269-5